一学就会的
119种蛋糕

黎国雄 主编

江苏凤凰科学技术出版社
· 南京 ·

图书在版编目（CIP）数据

一学就会的 119 种蛋糕 / 黎国雄主编 . -- 南京 : 江苏凤凰科学技术出版社 , 2015.7（2020.10 重印）
（食在好吃系列）
ISBN 978-7-5537-4386-8

Ⅰ . ①一… Ⅱ . ①黎… Ⅲ . ①蛋糕 – 糕点加工 Ⅳ . ① TS213.2

中国版本图书馆 CIP 数据核字 (2015) 第 085816 号

一学就会的119种蛋糕

主　　编　黎国雄
责任编辑　葛　昀
责任监制　方　晨

出版发行　江苏凤凰科学技术出版社
出版社地址　南京市湖南路 1 号 A 楼，邮编：210009
出版社网址　http://www.pspress.cn
印　　刷　天津丰富彩艺印刷有限公司

开　　本　718mm × 1000mm　1/16
印　　张　10
插　　页　4
字　　数　250 000
版　　次　2015年7月第1版
印　　次　2020年10月第5次印刷

标准书号　ISBN 978-7-5537-4386-8
定　　价　29.80元

发现蛋糕的秘密

不知道从什么时候起，美食已成为一种时尚，人们对美食的狂热衍生出了“吃货”一词。在工作和生活的多重压力之下，人们把搜寻、品尝美食作为一种释放的途径。而蛋糕因其多变的口味、漂亮的外观，深受人们的喜爱。它不仅仅出现在生日聚会、典礼上，还成为人们饭后点心、下午茶的首选。

关于蛋糕，很多人都会联想到生日，其实这里还有一个关于蛋糕的宗教神话。中古时期的欧洲，流传着这样的说法：生日当天，人的灵魂会被恶魔侵蚀，于是人们就用蛋糕来送祝福，保护自己的亲朋好友不受恶魔的侵扰。蛋糕最初只有贵族才可以食用，流传到现在，人们都会在亲人、朋友生日的时候，送上蛋糕作为祝福。

蛋糕基本上见证了人们所有的欢乐，生日上有它，节日上有它，婚礼上还有它。蛋糕不仅漂亮，还具有很高的营养价值，其主要材料是糖、蛋、面粉，碳水化合物、蛋白质、钙等含量丰富，且其松软、甜蜜的口感深受大人和孩子的喜爱。

很多人对DIY有着一种狂热，看到喜欢的东西就想自己做出来。如果你是蛋糕爱好者，想自己做出美味的蛋糕，但是又迫于它繁杂的工序望而却步，那么这本书可以帮助你把这个美妙的想法付诸实践。

其实制作蛋糕一点都不难，在本书开头，我们首先为你介绍蛋糕的制作材料和工具、技巧等基础知识，让你对蛋糕制作有一个概括性的了解。然后分为初级、中级、高级篇具体介绍蛋糕的制作方法，每一款蛋糕都有详尽的步骤解析，并配有清晰的实物图和制作指导小贴士，手把手教你来操作。即使是一些看似高难度的蛋糕，只要你跟着步骤做下来，想学不会都难。多练习几次，属于你的蛋糕很快就会出现啦！

总之，无论你是个蛋糕新手，还是个蛋糕探索者，你都能在这里找到你想要的，一步一步制作下来，你就会觉得，其实只要多尝试，蛋糕就是这么的简单。快行动起来，把甜蜜分享给你的家人和朋友吧！

目录 Contents

PART 1 初级入门篇

PART 2 中级入门篇

PART 3 高级入门篇

美味蛋糕必备材料

你喜欢吃蛋糕吗？你是否觉得制作蛋糕是一件很麻烦的事情，尤其是不知道使用什么材料？其实，制作蛋糕的材料大都比较常见，很容易就可以买到。下面为你介绍的这些材料都是制作蛋糕经常要用到的，不妨了解一下。

1. 玉米淀粉

在做蛋糕时放入少量，可降低面粉筋度，增加蛋糕松软的口感。

2. 鸡蛋

蛋糕里加入鸡蛋，能利用鸡蛋中的水分参与构建蛋糕的组织，令蛋糕美味松软。

3. 砂糖

也称作细砂糖，是制作蛋糕最主要的材料。

4. 吉利丁片

又称明胶或鱼胶，是从动物的骨头中炼出来的胶质，具有凝结作用，有粉状和片状两种不同形态，需要提前用水浸泡后使用。

5. 乳制品

乳制品中含有具有还原性的乳糖，在烘焙过程中，乳糖与蛋白质中的氨基酸发生褐变反应，形成诱人的色泽。

6. 面粉

面粉是制作甜点最主要的材料，品种繁多，在使用时要根据需要进行选择。

除以上基本的蛋糕材料外，还有一些其他材料，只要运用得当，制作出美味的蛋糕其实很简单。

蛋糕原材料打发诀窍

要成就蛋糕的柔软芬芳与唯美造型，材料的打发是最重要的因素。无论是蛋白打发、鸡蛋打发，还是装饰鲜奶油的打发，都说明了“打发”在蛋糕制作过程中的重要性。现在，就让我们告诉你打发的方法吧！

1. 蛋白打发

要制作出美味的蛋糕，除了材料比例要正确，蛋白打发是极为重要的一步，对于初学者而言，只要能打出漂亮的蛋白，就代表离成功不远了，以下就是蛋白打发的三大关键：

⑴ 加入砂糖。蛋白要置于干净、无油、无水的圆底容器中，利用打蛋机顺同一方向搅打，等出现大泡沫时，就可以将砂糖分次加入蛋白中，此时加入砂糖可帮助蛋白起泡打入空气，增加蛋白泡沫的体积。

⑵ 湿性发泡。蛋白一直搅打，细小的泡沫会越来越多，直到全部成为如同鲜奶油般的雪白泡沫，此时将打蛋机举起，蛋白泡沫仍会从打蛋机滴下来，此阶段称为“湿性发泡”，适合用于制作天使蛋糕。

⑶ 干性发泡（或称硬性发泡）。湿性发泡再继续打发，至打蛋机举起后蛋白泡沫不会滴下的程度，为“干性发泡”，此阶段的蛋白糊适合用来制作戚风蛋糕，或者是柠檬派上的装饰蛋白。

2. 鸡蛋打发

鸡蛋因为含有蛋黄的油脂成分，会阻碍蛋白打发，但因为蛋黄除了油脂还含有蛋磷脂及胆固醇等乳化剂，在蛋黄与蛋白比例为1: 2时，蛋黄的乳化作用增加，很容易与蛋白和包入的空气形成黏稠的乳状泡沫，所以仍然可以打发出细致的泡沫，这是蛋糕的主要做法之一。下面是鸡蛋打发的三大关键：

⑴ 拌匀加温。鸡蛋打发时因为蛋黄含有油脂，所以在速度上不如蛋白打发迅速，若是在打发之前先将蛋液稍微加温至 38 ~ 43℃，即可降低蛋黄的稠度，并加速蛋的起泡性。将细砂糖与鸡蛋混合拌匀，再置于炉火上加热，加热时必须不断搅拌，以防材料受热不均。

⑵ 泡沫细致。用打蛋机不断快速拌打至蛋液开始泛白，泡沫开始由粗大变得细致，而

且蛋液体积也变大，用打蛋机捞起泡沫，泡沫仍会往下滴。

⑶ 打发完成。再慢速搅打片刻之后，泡沫颜色将呈现泛白乳黄色，且泡沫也达到均匀细致、光滑稳定的状态，用打蛋机捞起，泡沫稠度较大且缓缓流下，此时即表示打发完成，可以准备加入过筛面粉拌匀成面糊。

3. 奶油打发

以下是奶油打发的三大关键：

⑴ 奶油回温。奶油冷藏或冷冻后，质地会变硬。需要先置于室温下待其软化，奶油只要软化到用手指稍使力按压就可以轻易压凹陷的程度即可。

⑵ 与糖调匀。用打蛋机将奶油打发至体积膨大、颜色泛白，再将糖粉与盐都加入奶油中，继续以打蛋机拌匀至糖粉完全融化、面糊质地光滑。

⑶ 打发完成。完成后的面糊应光滑细致，呈淡黄色，将打蛋机举起时奶油面糊不会滴下来就算完成了。这一款面糊适用于重奶油蛋糕的制作，加入不同的香料与馅料调配即变成不同口味的蓬松蛋糕了。

4. 鲜奶油打发

鲜奶油是用来装饰蛋糕与制作慕斯类甜点中不可缺少的材料，由牛奶提炼而成的浓稠鲜奶油，包含高达27% ~ 38% 不等的脂肪含量，搅打时可以包入大量空气而使体积膨胀至原来的数倍，打发至不同的软硬度，也有不同的用途。打发鲜奶油三大关键如下：

⑴ 垫冰块。在容器底部垫冰块，是为了使鲜奶油保持低温状态以帮助打发，尤其是在炎热的夏季。再者搅打时会因摩擦产生热能，所以必须利用冰块来降温，以免鲜奶油因热融化而造成无法打发的状况，冬季时则可省略。

⑵ 六分发。手持搅拌器顺同一方向拌打数分钟后，鲜奶油会松发成为具浓厚流质感的黏稠液体，此即所谓的六分发，这种鲜奶油适合制作慕斯、冰淇淋等甜点。

⑶ 九分发。打至九分发的鲜奶油最后会完全成为固体状，若用刮刀刮取鲜奶油，完全不会流动，此即所谓的九分发，这种鲜奶油只适合用来制作装饰挤花。

整个做蛋糕的过程中几乎是不停地在搅打，怪不得有人把做蛋糕或烤蛋糕直接说是“打蛋糕”。

蛋糕制作常见问题大解析

蛋糕几乎见证了人们生活中所有快乐的时光，生日、节日、庆典、婚礼都有美味的蛋糕锦上添花。爱制作蛋糕的你，可能在制作蛋糕的过程中会遇到各种问题，应该怎样解决呢？

1. 打蛋糕糊时，蛋糕油沉底变成硬块

解决方法：先把糖打至溶化，再加入蛋糕油，快速打散，这样就可防止蛋糕油沉底。

2. 蛋糕轻易断裂而且不柔软

解决方法：主要是配方中的蛋和油不够，要适当增加配方中蛋和油的分量。

3. 蛋糕烤出来变得很白

解决方法：是烘烤过度引起的，调节炉温或烘烤时间可以解决这一问题。

4. 蛋糕内部组织粗疏

解决方法：主要和搅拌有关，应当在高速搅拌后慢速排气。

5. 蛋糕出炉后凹陷或回缩

解决方法：烤箱的温度最好能均匀散布，这样可使蛋糕受热相对均匀，周边烘烤程度与中央部分的不同减削，可防止蛋糕缩减；炉温要把握准确，用较暖和的炉温烘烤，后期炉温调低，延长烘烤时间，使蛋糕中央的水分与周边差别不能太大；在蛋糕尚未定型之前，不能打开炉门；出炉后立刻脱离烤盆，翻过来冷却，或出炉时，让烤盆拍打地板，使蛋糕受一次较大的摇动，减少后期缩减。

6. 蛋糕很散，没有韧性

解决方法：蛋的用量是影响蛋糕韧性的主要因素，只有增加蛋的用量，蛋糕韧性才会明显提高。

制作蛋糕的基本工具

除了准备好原料外，制作蛋糕还少不了工具的帮助。其实，这些工具并不复杂，下面为你介绍的这些工具都是制作蛋糕的常用工具。希望你能灵活运用它们，做出各式美味的蛋糕。

1. 打蛋机

打蛋机又称搅拌机，可以将鸡蛋的蛋清和蛋黄充分打散融合成蛋液，也可以单独将蛋清和蛋黄打到起泡的一种工具。

注意事项：机器工作时要保持平稳，整机不可在晃动下工作，不可以用水冲洗机器。

2. 和面机

和面机主要用来拌和各种粉料，主要由电动机、传动装置、面箱搅拌器、控制开关等部件组成，利用机械运动将粉料、水或其他配料制成面坯，常用于大量面坯的调制。和面机的工作效率比手工操作高 5 ~ 10 倍，是蛋糕制作中最常用的工具。

注意事项: 使用后要注意机器内部的清洁，否则会滋生细菌。

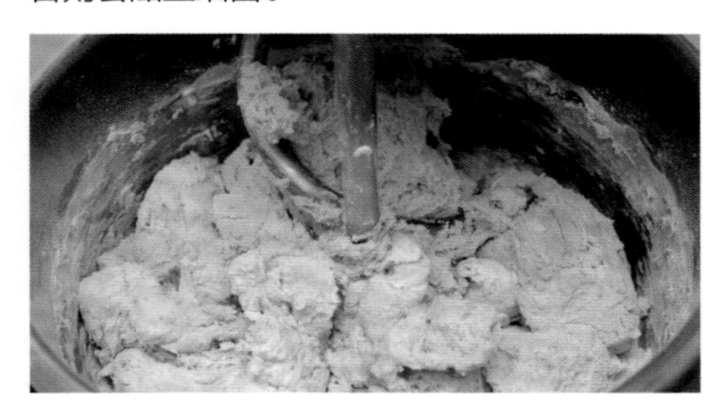

3. 不锈钢盆

用于装盛液体材料，使材料易于搅拌。

注意事项：每次用完后应清洗干净。

4. 量杯

杯壁上有容量标示，可用来量取材料，如水、油等，通常有大小尺寸可供选择。

注意事项：读数时注意刻度；不能作为反应容器；量取时选用适合的量程。

5. 模具

模具大小、形状各异，制作不同形状的蛋糕时应选取对应的模具。

注意事项：应选择大小合适的模具，并注意保持模具的清洁。

6. 发酵箱

发酵箱为面团醒发专用，能控制温度和湿度。其工作原理是靠电热管将水槽内的水加热蒸发，使面团在一定温度和湿度下充分地发酵。

注意事项：不要人为地先加热后加湿，这样会使湿度开关失效。

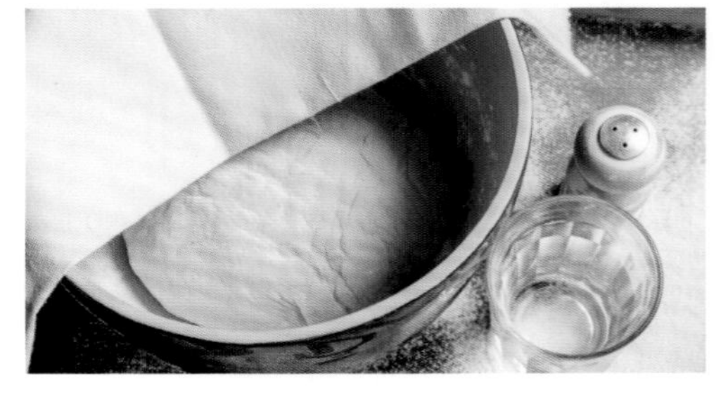

7. 各种刀具

用来切割蛋糕，抹蛋油和果酱等。

注意事项：保持刀具的清洁，防止生锈。

PART 1

初级入门篇

本章挑选的都是外观精致且制作过程简单的蛋糕，适合刚入门的人学习。配方中用的材料较少，步骤也较为简洁，只要你认真练习，制作出一个美味蛋糕是很容易的，快来和你的家人一起分享甜蜜吧！

THANK YOU

日式烤芝士

材料

蛋糕体1个，牛奶200毫升，淡奶油133克，低筋面粉26克，玉米淀粉20克，糖83克，蛋黄146克，柠檬皮14克，奶油54克，芝士、草莓、杏仁、巧克力配件各适量

制作指导

注意馅料倒入模具内八分满即可，否则烘烤时容易溢出。

做法

❶将芝士隔热水搅至软化，分次加牛奶拌匀。

❷将低筋面粉和玉米淀粉加入步骤1中拌匀。

❸将蛋黄和糖拌匀后加入步骤2中拌匀。

❹将淡奶油和奶油加热至融解，加入步骤3拌匀。

❺将步骤4隔热水加热煮至浓稠，降温后与柠檬皮拌匀。

❻印一块方形蛋糕体，放入封好锡纸的模具中铺平。

❼将步骤5倒入步骤6的模具中抹平。

❽入炉以180℃烤至上色后再降至150℃，出炉冷却。

❾将步骤8取出，脱模后加芝士、草莓、杏仁、巧克力配件装饰即可。

巧克力乳酪蛋糕

材料

饼干底：消化饼干 100 克，黄油 50 克

面糊：乳酪 250 克，砂糖 50 克，鸡蛋 1 个，淡奶油 125 克，黑巧克力 50 克，糖粉适量

其他：巧克力配件适量，马卡龙 1 个

做法

❶ 将饼干压碎，加入融化好的黄油拌匀。

❷ 将拌好的饼干碎倒入铺有油纸的模具中压平，放进冰箱冻至凝固备用。

❸ 将乳酪隔热水软化后，倒入砂糖拌至溶化，然后加入鸡蛋，拌匀即可。

❹ 将淡奶油隔热水加热至 60℃，加入黑巧克力拌至融化。与步骤 3 混合，倒入模具中至八分满。

❺ 将步骤 4 放进烤箱以 160℃隔水烤 55 分钟左右出炉。

❻ 晾凉后放进冰箱，冷冻 2 小时后脱模，放上巧克力配件、马卡龙，撒上糖粉做装饰即可。

欧式可可蛋糕

材料

低筋面粉125克，土豆粉125克，泡打粉10克，奶油250克，糖250克，香草粉少许，鸡蛋4个，柠檬皮5克，鲜奶15毫升，鲜奶油100克，可可粉70克，黑巧克力80克，白巧克力80克，糖粉30克，镜面果胶、草莓、马卡龙各适量

做法

❶ 用低筋面粉、奶油、土豆粉、泡打粉、糖、鸡蛋、香草粉、柠檬皮、鲜奶做成蛋糕主体，放凉备用。

❷ 用鲜奶油抹好蛋糕，撒上可可粉和糖粉，再摆上黑巧克力片、马卡龙。

❸ 蛋糕侧面贴上白巧克力片。

❹ 最后，水果面扫上镜面果胶。

制作指导

注意在撒糖粉时不要撒得太多，否则会影响蛋糕的口感，撒均匀即可。

欧式香橙奶油蛋糕

材料

低筋面粉125克，土豆粉125克，泡打粉10克，奶油250克，糖250克，香草粉少许，鸡蛋4个，柠檬皮5克，鲜奶15毫升，鲜奶油100克，香橙果膏100克，黑巧克力80克，白巧克力花、叶子各适量

做法

❶ 用低筋面粉、奶油、土豆粉、泡打粉、糖、鸡蛋、柠檬皮、香草粉、鲜奶做成蛋糕主体。

❷ 用鲜奶油抹蛋糕坯，淋香橙果膏，挤上黑巧克力线条。

❸ 把做好的两朵白巧克力花插在蛋糕面上。

❹ 白巧克力花边插上巧克力叶子，侧面摆上巧克力装饰片即可。

制作指导

挤线条时用力一次挤出，不可断开。巧克力也可根据个人喜好画出不同的线条图案。

蓝莓巧克力蛋糕

材料

牛奶 38 毫升，白巧克力 90 克，蛋黄 20 克，糖25克，水少许，吉利丁3克，蓝莓果酱45克，樱桃酒 8 毫升，打发淡奶油 110 克，草莓 2 颗，巧克力片、巧克力配件各适量，蛋糕片 1 个

制作指导

蛋黄加入 120℃的糖水快速搅拌，如有腥味，可隔热水搅拌至发白浓稠。

做法

❶ 牛奶、白巧克力一起隔水加热拌至融化。

❷ 糖、水煮至 120℃。

❸ 蛋黄打散冲入糖水，快速打至浓稠。

❹ 将步骤 3 加入到步骤 1 中搅拌均匀。

❺ 加入泡软的吉利丁拌匀，再隔冰水降至手温。

❻ 将步骤 5 分次加入打发的淡奶油中拌匀。

❼ 加入樱桃酒拌匀。

❽ 将步骤 7 倒入放蛋糕片的模具中抹平。

❾ 将蓝莓果酱倒在慕斯馅上，划乱纹放冻至凝固。

❿ 用火枪加热模具，在侧边脱模。

⓫ 在蛋糕的侧边，贴上巧克力片。

⓬ 在蛋糕表面摆放好草莓、巧克力配件装饰即可。

古典巧克力蛋糕

材料

苦甜巧克力120克，淡奶油60克，无盐奶油66克，蛋黄63克，蛋白125克，糖124克，塔塔粉1克，低筋面粉48克，可可粉24克，核桃仁10克，糖粉10克，马卡龙3个

做法

❶将淡奶油加热，加入切碎的苦甜巧克力拌至融化。

❷将无盐奶油加入步骤1中拌至融化。

❸将蛋黄和适量糖拌至发白，然后加入步骤2拌匀。

❹将蛋白、塔塔粉和剩余的糖拌至四成发，然后将其与步骤3混合，搅拌均匀。

❺加入低筋粉和可可粉做成面糊，倒入模具中抹平，放入烤炉以140～150℃隔水烤60～70分钟出炉。

❻蛋糕装饰核桃仁、马卡龙并筛上糖粉即可。

制作指导

蛋糕出炉冷却后，放入冰箱冷冻2小时再脱模。

欧式草莓白巧克力蛋糕

材料

低筋面粉	125克	鲜奶油	100克
土豆粉	125克	镜面果胶	适量
泡打粉	10克	白巧克力	80克
奶油	250克	绿色巧克力片	50克
糖	250克	马卡龙	2个
香草粉	少许	草莓	2颗
鸡蛋	4个	话梅	2颗
柠檬皮	5克	樱桃	2颗
鲜奶	15毫升		

做法

❶ 用低筋面粉、土豆粉、奶油、泡打粉、鸡蛋、糖、香草粉、柠檬皮、鲜奶做成蛋糕主体，放凉备用。

❷ 用鲜奶油抹好蛋糕，侧面摆上方形的绿色巧克力片。

❸ 在蛋糕边上摆上切开的草莓。

❹ 摆上话梅、樱桃、巧克力片、马卡龙。

❺ 最后在水果面上扫上镜面果胶即可。

制作指导

放巧克力配件时，尽可能少用手直接接触，否则巧克力配件会融化。

Happy Day

咖啡可可米蛋糕

材料

蛋糕体1个，打发淡奶油65克，牛奶65毫升，可可粉5克，吉利丁3克，糖20克，黑巧克力20克，熟糯米65克，君度酒3毫升，咖啡酱少许，白巧克力棍、草莓、马卡龙各适量

制作指导

糯米较硬，所以使用前最好先泡水2小时，这样蒸熟的时间会较短。

做法

❶ 将牛奶、可可粉、糖混合拌匀，再隔水加热。

❷ 加入熟糯米拌匀。

❸ 加入黑巧克力拌至融化。

❹ 加入咖啡酱拌匀。

❺ 加入融化的吉利丁拌匀，再隔冰水降温至35℃。

❻ 加入君度酒拌匀。

❼ 将步骤6分次加入打发的淡奶油中拌匀。

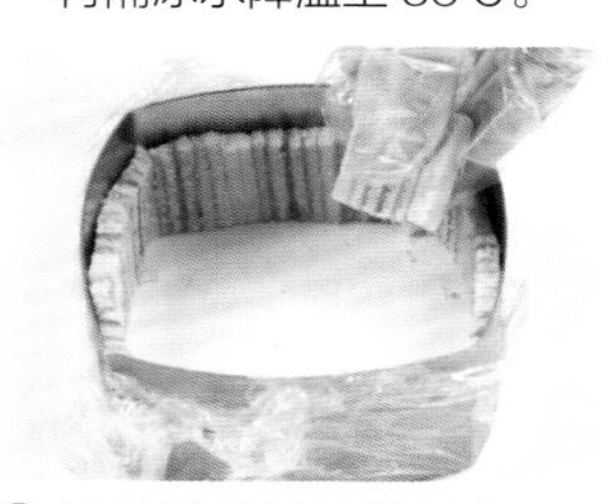

❽ 用保鲜膜封好模具底，四周和底部放入千层蛋糕片。

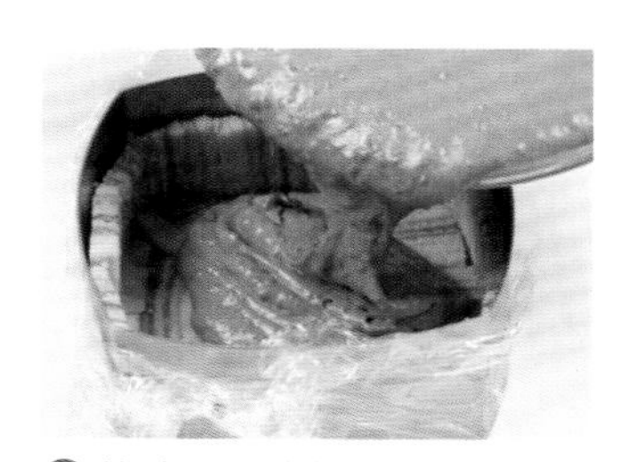

❾ 将步骤7倒入步骤8中，抹平后放入冰箱冻至凝固。

❿ 用火枪加热模具侧边，然后脱模。

⓫ 在蛋糕上放上草莓、马卡龙装饰。

⓬ 最后放上白巧克力棍装饰即可。

巧克力布朗尼蛋糕

材料

鸡蛋 4 个，糖 250 克，盐 2 克，葡萄糖浆 50 毫升，苦甜巧克力 175 克，低筋面粉 60 克，无盐奶油 225 克，核桃碎 200 克，马卡龙 2 个，糖粉 10 克，杏仁适量

做法

❶将巧克力与葡萄糖浆隔水加热至融化。

❷将鸡蛋打散，加入糖、盐一起打至发白、浓稠。

❸将步骤 2 分次加入步骤 1 中拌匀，再将低筋面粉加入拌匀，然后与溶解后的无盐奶油拌匀。

❹将核桃碎加入步骤 3 中拌匀。

❺将步骤 4 倒入封好锡纸的模具中抹平，入炉以 190℃的炉温烤 45 分钟左右，出炉。

❻冷却后脱模，放上马卡龙、杏仁，筛上糖粉装饰即可。

制作指导

无盐奶油融化后要保持 40℃左右加入面糊中，太热会影响面糊，太冷无盐奶油易结晶。

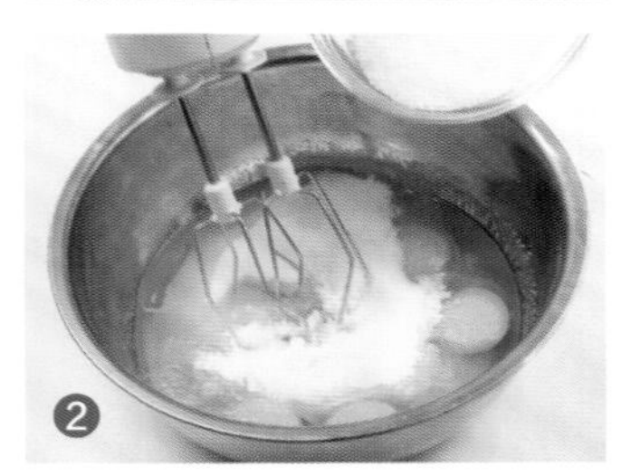

欧式草莓花儿蛋糕

材料

低筋面粉	125 克	鲜奶	15 毫升
土豆粉	125 克	鲜奶油	100 克
泡打粉	10 克	草莓	6 颗
奶油	250 克	猕猴桃	2 片
糖	250 克	马卡龙	1 个
香草粉	少许	黑巧克力	80 克
鸡蛋	4 个	白巧克力花	4 朵
柠檬皮	5克	绿巧克力旋片	适量

做法

❶ 用低筋面粉、土豆粉、泡打粉、糖、香草粉、鸡蛋、奶油、柠檬皮、鲜奶做成蛋糕主体，放凉备用。

❷ 用鲜奶油抹好一个直角蛋糕坯，在面上摆上草莓。

❸ 把白巧克力花插在草莓旁的蛋糕面上。

❹ 巧克力花旁插上巧克力配件，并摆好猕猴桃、马卡龙。

❺ 在巧克力花周围放上绿巧克力旋片即可。

制作指导

摆巧克力花时，应由大到小排列，才能显出层次感，也可根据个人创意再设计。

山梅乳酪蛋糕

材料

消化饼屑 100 克，奶油 50 克，奶油乳酪 250 克，淡奶油 25 克，糖 56 克，玉米淀粉 4 克，蛋黄、蛋白各 30 克，山梅馅 50 克，透明果胶、草莓、蓝莓各适量

制作指导

蛋糕烤上色后要降温至 150℃烤至熟，如表面颜色太深可用铝箔纸盖住表面再烤。

做法

❶ 将融化的奶油和消化饼屑混合拌匀。

❷ 步骤 1 倒入模具中压平，冻至凝固。

❸ 将奶油乳酪打至软化，加入适量糖拌至糖溶化。

❹ 加入淡奶油拌匀。

❺ 加入蛋黄拌匀。

❻ 加入玉米淀粉拌匀。

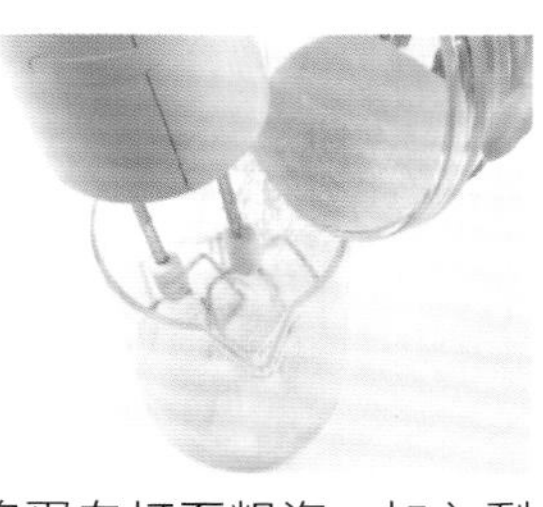

❼ 将蛋白打至粗泡，加入剩余的糖快速打至湿性发泡。

❽ 将步骤 7 加入步骤 6 中完全拌匀。

❾ 加入山梅馅拌匀。

❿ 将步骤 9 倒入步骤 2 中至八分满。

⓫ 放入烤炉以 200℃隔水烤 60 分钟后出炉。

⓬ 脱模后扫上透明果胶，摆上草莓、蓝莓装饰即可。

轻巧克力慕斯蛋糕

材料

牛奶100毫升，可可粉15克，苦甜巧克力碎30克，蛋黄28克，糖68克，淡奶油100克，蛋白38克，水少许，吉利丁4克，蛋糕体1个，话梅2颗，巧克力配件、金箔各适量

做法

❶将蛋黄、糖、牛奶、可可粉隔热水搅拌至浓稠。

❷将苦甜巧克力碎、泡软的吉利丁片加入步骤1中拌至融化，降温至36℃左右。

❸糖水加热至120℃，冲入五成发的蛋白中搅拌至全发。

❹将步骤3分次加入打发的淡奶油中，再与步骤2混合。

❺将步骤4倒入封有保鲜膜垫和蛋糕体的模具中，抹平后放入冰箱冻固，表面抹上巧克力酱，用火枪加热脱模。

❻在蛋糕表面装饰巧克力配件、金箔和话梅即可。

制作指导

摆巧克力配件时，注意整体的美观，要摆均匀。

欧式白雪公主蛋糕

材料

低筋面粉	125克	柠檬皮	5克
土豆粉	125克	鲜奶	15毫升
泡打粉	10克	鲜奶油	100克
奶油	250克	黑巧克力环	8个
糖	250克	白巧克力花	1朵
香草粉	10克	可可粉	80克
鸡蛋	4个	绿巧克力条	适量

做法

❶用低筋面粉、土豆粉、泡打粉、糖、香草粉、鸡蛋、柠檬皮、奶油、鲜奶做成蛋糕主体，放凉备用。

❷用鲜奶油抹好蛋糕坯，撒上防潮可可粉。

❸蛋糕面摆上绿巧克力条装饰。

❹摆上做好的白巧克力花。

❺蛋糕侧面贴上空心的黑巧克力环即可。

制作指导

摆巧克力配件时，要从蛋糕的收口处摆起，这样才能把配件摆均匀。

You can enjoy

香芋芝士蛋糕

材料

奶油芝士250克，糖170克，鸡蛋2个，蛋白75克，淡奶油85克，低筋面粉25克，塔塔粉、吉士粉、香芋色香油各适量，蓝莓馅75克，蛋糕体1个，草莓、蓝莓各1颗

制作指导

烤蛋糕时，表面上色后要降低温度至150℃再继续烤至熟。

做法

❶把奶油芝士、适量糖一起搅拌至糖完全溶化。

❷加入鸡蛋、淡奶油拌匀，再加低筋面粉、吉士粉拌匀。

❸把蛋白、剩余的糖、塔塔粉打至鸡尾状，加入步骤2中。

❹取出适量面糊，加入少许香芋色香油完全拌匀。

❺把蓝莓馅倒在垫有蛋糕体的模具内。

❻再将步骤3的面糊倒入至八分满。

❼把步骤4调色的面糊装入裱花袋，挤入步骤6的面糊表面划出花纹。

❽将步骤7放入烤炉，隔水以180℃的炉温烘烤60分钟左右出炉放凉。

❾将冷却的蛋糕放冰箱冻2小时，脱模后放上蓝莓、草莓装饰即可。

柠檬芝士蛋糕

材料

饼干底：消化饼干 100 克，黄油 50 克

面糊：芝士 230 克，糖 45 克，玉米淀粉 90 克，蛋黄 40 克，君度酒 13 毫升，柠檬半个，柠檬皮屑 20 克，糖粉 10 克，马卡龙饼干 1 个，话梅 2 颗

做法

❶ 将消化饼干压碎，并与融化的黄油拌匀，放入模具底部和四周，压实，放入冰箱备用。

❷ 将芝士与糖打至软化，糖溶。

❸ 将蛋黄加入步骤 2 中拌匀，再将玉米淀粉加入拌匀。

❹ 将柠檬汁、君度酒和柠檬皮屑加入步骤 3 中拌匀，然后倒入步骤 1 的模具内抹平。

❺ 将步骤 4 以 180℃的炉温烤至表面上色，再降至 150℃烤至熟出炉。

❻ 冷却后脱模，在边上筛上糖粉，放上马卡龙、话梅做装饰即可。

心的港湾

材料

材料	用量	材料	用量
低筋面粉	125 克	鲜奶油	100 克
土豆粉	125克	柠檬果膏	适量
泡打粉	10 克	黑巧克力片	200 克
奶油	250 克	草莓	3 颗
糖	250 克	芒果	半个
香草粉	少许	猕猴桃	2 片
鸡蛋	4 个	蓝莓	2 颗
柠檬皮	5 克	樱桃	4 颗
鲜奶	15 毫升	香烟巧克力棒	3 根

做法

❶ 用低筋面粉、土豆粉、奶油、泡打粉、糖、香草粉、鸡蛋、柠檬皮、鲜奶做成蛋糕主体，放凉备用。

❷ 用鲜奶油抹出一个直角蛋糕，将中间挖空。

❸ 加热铲刀，从外往里压进，对角压好。

❹ 在中间挤上柠檬果膏。

❺ 放上草莓、芒果、猕猴桃、蓝莓、樱桃，再扫上柠檬果膏，然后在蛋糕周边放上黑巧克力片、插上香烟巧克力棒即可。

制作指导

多功能铲刀使用前一定要加热，这样才不会粘住奶油。

抹茶芝士蛋糕

材料

消化饼干100克，无盐奶油50克，芝士250克，糖60克，玉米淀粉、抹茶粉各8克，鸡蛋1个，淡奶油150克，酸奶20毫升，红豆50克，草莓、马卡龙各2个

制作指导

玉米淀粉和抹茶粉要混合过筛，否则加入乳酪馅中容易结块。

做法

❶ 模具抹油，再垫上油纸，用锡纸封好底部。

❷ 消化饼干擀碎后与无盐奶油拌匀，倒入步骤1中，冷冻。

❸ 芝士软化，加入糖、玉米淀粉和抹茶粉，拌匀。

❹ 将鸡蛋分次加入步骤3中搅拌均匀。

❺ 将酸奶加入步骤4中完全搅拌均匀。

❻ 将淡奶油加入到步骤5中搅拌均匀。

❼ 将红豆撒入步骤2的模具饼干底上，再倒入步骤6的面糊抹平。

❽ 步骤7放入180℃的烤炉隔水烤20分钟，然后降温至150℃再烤40分钟出炉。

❾ 将步骤8加热模具边缘，脱模，放上草莓、马卡龙装饰即可。

抹茶开心果蛋糕

材料

蛋糕体 1 个，牛奶 200 毫升，蛋黄 65 克，糖 50 克，抹茶酱 15 克，薄荷酒 5 毫升，吉利丁 6 克，打发鲜奶油 165 克，草莓 2 颗，巧克力配件、开心果碎各适量

做法

❶将蛋黄和糖放入容器中，倒入牛奶，隔水加热快速打至发白、浓稠。

❷将吉利丁加入步骤 1 中拌匀。

❸将抹茶酱加入步骤 2 中拌至完全融解。

❹将步骤 3 隔冰水降温，与打发鲜奶油拌匀；加入薄荷酒和开心果碎拌匀，即成慕斯馅；然后倒入封好的铺有蛋糕底的模具中，抹平，放入冰箱冻至凝固。

❺在慕斯表面撒上开心果碎，用火枪加热模具边缘，脱模。

❻在慕斯表面挤上一些鲜奶油，放上草莓、巧克力配件即可。

制作指导

注意在蛋糕边放巧克力配件的时候，间距尽量保持一致。

凉一夏

材料

低筋面粉	125克	鲜奶	15毫升
土豆粉	125克	鲜奶油	100克
泡打粉	10克	透明果膏	适量
奶油	250克	巧克力配件	适量
糖	250克	草莓	3颗
香草粉	10克	芒果	半个
鸡蛋	4个	水蜜桃罐头	半罐
柠檬皮	5克		

做法

❶ 用低筋面粉、土豆粉、泡打粉、糖、奶油、香草粉、鸡蛋、柠檬皮、鲜奶做成蛋糕主体，放凉备用。

❷ 用鲜奶油抹好蛋糕坯，用软刮片挖出中间的奶油。

❸ 用带齿纹的乱片压好花纹，用三角刮片压出花边。

❹ 用软刮片在蛋糕底部刮出半圆弧度。

❺ 摆好草莓、芒果、水蜜桃，扫上透明果膏，放上巧克力配件即可。

制作指导

注意在蛋糕边压花纹的时候，间距和深度要尽量保持一致，这样才会美观。

You Can enjoy
happy time

蔓越莓烤芝士

材料

奶油奶酪 362 克，糖 135 克，酸奶 35 毫升，玉米淀粉 15 克，香草粉 0.5 克，蛋黄 60 克，柠檬汁 5 毫升，淡奶油 90 克，蛋白 120 克，蔓越莓 30 克，干果、巧克力配件各适量

制作指导

蛋白先快速打至粗泡，再分次加入糖，注意不要将糖一次性加入，这样蛋白霜才会绵密。

做法

❶ 将奶油奶酪搅拌至软化后加入适量糖，搅拌均匀。

❷ 分次加入蛋黄拌匀后，再加入柠檬汁拌匀。

❸ 将酸奶、淡奶油分次加入步骤 2 中拌匀。

❹ 将玉米淀粉和香草粉加入步骤 3 中拌匀。

❺ 将蛋白打起粗泡后加入剩余的糖，打至湿性发泡。

❻ 将打好的蛋白霜分次与步骤 4 混合拌匀。

❼ 步骤 6 的面糊一半倒入模具中，撒上蔓越莓，倒入另一半抹平，撒上蔓越莓。

❽ 将步骤 7 入炉以 180℃炉温隔水烤至表面上色，降至 150℃烤熟出炉。

❾ 在蛋糕表面摆上干果、巧克力配件，插上纸牌装饰即可。

白朗姆酸乳酪蛋糕

材料

饼干底：苏打饼干 160 克，黄油 38 克，糖 15 克，牛奶 10 毫升

慕斯馅：奶油乳酪 80 克，牛奶 60 毫升，蛋黄 45 克，糖 30 克，白朗姆酒 30 毫升，吉利丁 7 克，酸奶 35 毫升，打发淡奶油 100 克，柠檬汁 8 毫升

其他：巧克力配件适量，草莓 6 颗

做法

❶蛋黄、糖、牛奶拌匀后，再隔热水煮至浓稠，加入吉利丁。

❷奶油乳酪隔热水软化后，加入白朗姆酒拌匀，倒入步骤1中。

❸将步骤 2 加入酸奶中拌匀后，再降温至手温，然后分次加入打发的淡奶油中拌匀，再加入柠檬汁拌匀即成慕斯馅。

❹将黄油、糖和牛奶加热至融化，再加入苏打饼干屑拌匀，然后倒入封好保鲜膜的模具内压平冻硬。

❺将步骤 3 均匀挤在步骤 4 上面，抹平后冷冻。

❻脱模，侧边贴巧克力片，表面放上草莓和巧克力配件装饰。

1

❷

❸

❹

❺

❻

欧式巧克力圈蛋糕

材料

低筋面粉125克，土豆粉125克，泡打粉10克，奶油250克，糖250克，鸡蛋4个，柠檬皮5克，鲜奶15毫升，糖粉30克，鲜奶油100克，糖粉30克，草莓2颗，香草粉、巧克力片、镜面果膏各适量，猕猴桃2片，黄桃半个

做法

❶ 用低筋面粉、土豆粉、奶油、泡打粉、糖、香草粉、鸡蛋、柠檬皮、鲜奶做成蛋糕主体，放凉备用。

❷ 用鲜奶油抹好直角蛋糕，摆上草莓、猕猴桃、黄桃装饰。

❸ 插上巧克力片，撒上防潮糖粉。

❹ 水果面扫上镜面果膏即可。

制作指导

放水果时，要将同种色系的水果放一起，否则会影响蛋糕整体效果。

欧式柠檬草莓蛋糕

材料

低筋面粉125克，土豆粉125克，泡打粉10克，奶油250克，糖250克，香草粉少许，鸡蛋4个，柠檬皮5克，鲜奶15毫升，鲜奶油100克，柠檬果膏100克，草莓2颗，黄桃半个，马卡龙2个，巧克力配件适量

做法

❶ 用低筋面粉、土豆粉、奶油、泡打粉、糖、香草粉、鸡蛋、柠檬皮、鲜奶做成蛋糕主体。

❷ 用鲜奶油抹蛋糕坯，淋上柠檬果膏，摆上黄桃、草莓。

❸ 再摆上马卡龙装饰。

❹ 最后摆上各种巧克力配件即可。

制作指导

放水果后要扫上镜面果膏，否则水果会变色，注意镜面果膏不要放太多，会影响口感。

松仁巧克力蛋糕

材料

无盐奶油 100 克，巧克力 100 克，可可脂 25 克，蛋黄 150 克，鸡蛋 1 个，糖 87 克，软化糖酱 12 克，蛋白 125 克，低筋面粉 45 克，松仁 100 克，杏仁适量

制作指导

蛋黄、鸡蛋和糖要打至发白，稍稠即可。可借助打蛋器来制作，可以缩短制作时间。

做法

❶ 巧克力隔热水至融化，加入可可脂和无盐奶油拌匀。

❷ 将蛋黄、鸡蛋和软化糖酱打发，并加入步骤 1 中拌匀。

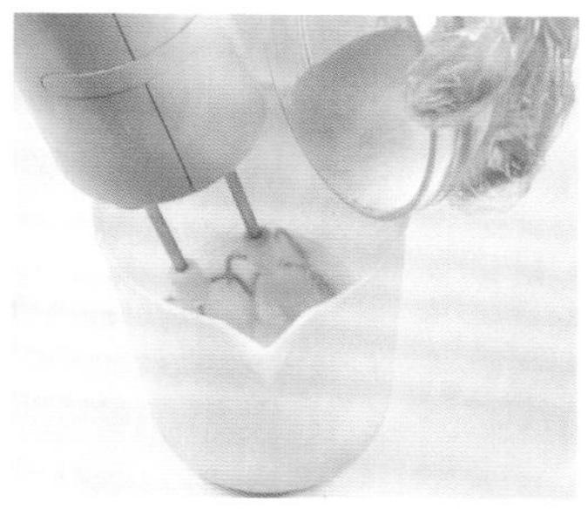

❸ 将蛋白和糖打发至湿性发泡备用。

❹ 将步骤 3 分次加入步骤 2 中搅拌均匀。

❺ 将低筋面粉过筛后和松仁混合加入步骤 4 中拌匀。

❻ 步骤 5 的面糊倒入封好锡纸的模具内至八分满，抹平。

❼ 步骤 6 放入 180℃的烤炉中，烤 40 分钟左右至熟。

❽ 将步骤 7 冷却后脱模。

❾ 将步骤 8 筛上糖粉，放上杏仁装饰即可。

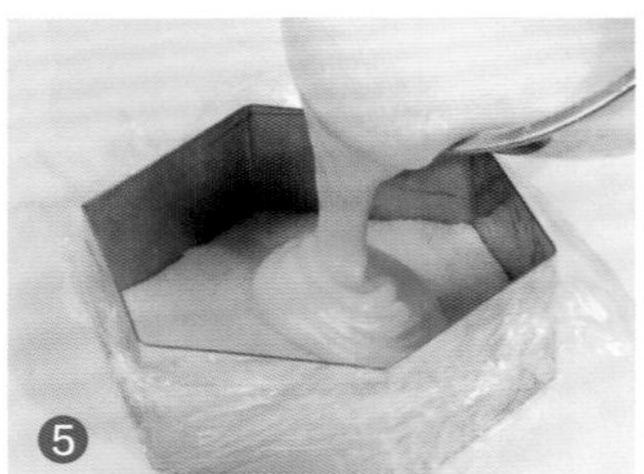

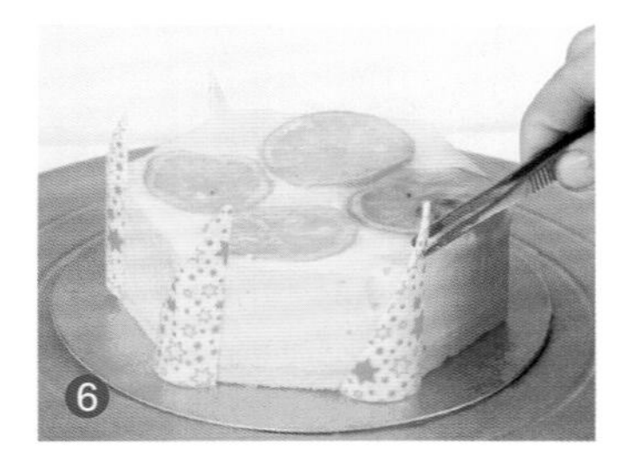

喜多罗内蛋糕

材料

蛋糕体1个，柠檬汁45毫升，柠檬皮2个，糖115克，鸡蛋1个，无盐奶油50克，吉利丁5克，蛋白95克，清水少许，糖煮柠檬4片，红毛丹1个

做法

❶鸡蛋、适量糖隔热水搅拌至发白浓稠。

❷加入柠檬汁、柠檬皮拌匀，加入无盐奶油拌至软化。

❸剩余的糖、水煮至120℃，蛋白打至粗泡，冲入糖水，快速搅打成意大利蛋白霜。

❹蛋白霜分次加入步骤2中拌匀，再加入融化的吉利丁拌匀。

❺将步骤4倒入放有蛋糕体的模具中抹平。

❻将糖煮柠檬摆在蛋糕上面冷冻，然后脱模装饰红毛丹即可。

制作指导

蛋白要先打至五成发，再倒入120℃的糖水继续快速打发至全发即可。

欧式杏仁草莓蛋糕

材料

低筋面粉	125 克	柠檬皮	5 克
土豆粉	125 克	鲜奶	15 毫升
泡打粉	10 克	鲜奶油	100 克
奶油	250 克	杏仁片	适量
糖	250 克	草莓	10 颗
香草粉	少许	糖粉	30 克
鸡蛋	4 个	巧克力片	适量
马卡龙	1 个		

做法

❶ 用低筋面粉、土豆粉、奶油、泡打粉、糖、香草粉、鸡蛋、柠檬皮、鲜奶做成蛋糕主体，放凉备用。

❷ 用鲜奶油抹好蛋糕坯，侧面沾上杏仁片。

❸ 在蛋糕面上围上一圈鲜草莓。

❹ 摆上巧克力片、马卡龙等装饰。

❺ 在水果上撒上防潮糖粉即可。

制作指导

放水果时要垫上少许奶油，否则会滑落。也可以将草莓换成其他水果，装饰即可。

抹茶红豆蛋糕

材料

蛋糕体1个，牛奶125毫升，鸡蛋1个，糖30克，抹茶粉5克，玉米淀粉11克，吉利丁3克，打发淡奶油150克，红豆50克，薄荷酒3毫升，透明果膏、巧克力配件、草莓各适量

制作指导

红豆要用熟的蜜红豆，也可加糖和水将红豆煮熟备用。

做法

❶抹茶粉、玉米淀粉和糖拌匀后，加入鸡蛋拌匀。

❷温热的牛奶分次加入步骤1中拌匀，再隔热水煮至浓稠。

❸泡软的吉利丁片加入步骤2中拌匀后，降至手温备用。

❹将步骤3分次加入打发的淡奶油中拌匀。

❺将红豆和薄荷酒加入步骤4中，即成抹茶红豆慕斯馅。

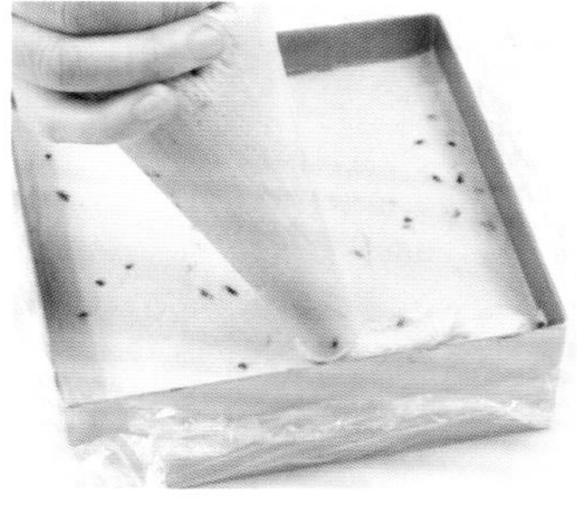

❻步骤5挤入垫有蛋糕片的模具中1/2高，抹平。

❼将步骤6再放上一片蛋糕片，并挤入剩余的馅料，抹平后放入冰箱，冻凝固。

❽将步骤7拿出，用火枪加热模具边缘脱模。

❾在蛋糕表面扫透明果膏，装饰巧克力配件和草莓即可。

欧式花团锦簇蛋糕

材料

蛋糕体 1 个，鲜奶油适量，黑巧克力、白巧克力各适量，绿色巧克力旋条 5 条，巧克力花 4 朵

做法

❶ 用鲜奶油抹好一个直角蛋糕，表面挤一圈奶油点。
❷ 把做好的巧克力片放在奶油点上面。
❸ 把做好的巧克力花放在右下角。
❹ 巧克力花边上插上巧克力叶子。
❺ 巧克力花周围摆上绿色巧克力旋条。
❻ 在蛋糕侧面贴上空心巧克力片即可。

制作指导

抹直角坯的表面时，抹刀与坯表面呈 45° 角。这样抹出的蛋糕边才会更加圆滑。

欧式草莓五环蛋糕

材料

低筋面粉	125克	鲜	奶
土豆粉	125克	油	100克
泡打粉	10克	草莓	4颗
奶油	250克	水蜜桃	半个
糖	250克	猕猴桃	2片
香草粉	少许	巧克力花	2朵
鸡蛋	4个	糖粉	30克
柠檬皮	5克	黑巧克力	80克
鲜奶	15毫升	白巧克力	适量

做法

❶ 用低筋面粉、土豆粉、泡打粉、糖、奶油、香草粉、鸡蛋、柠檬皮、鲜奶做成蛋糕主体，放凉备用。

❷ 用鲜奶油抹好蛋糕坯，蛋糕面摆上各种水果装饰。

❸ 把做好的巧克力花摆放在水果面上。

❹ 在巧克力花上撒上防潮糖粉。

❺ 在蛋糕侧面贴上黑白巧克力配件装饰即可。

制作指导

用捏子放巧克力配件时不要太用力，否则巧克力配件会碎掉。

黄桃芝士

材料

饼干碎 100 克，牛油 50 克，奶油乳酪 340 克，糖粉、蛋白各 80 克，酸奶 40 毫升，玉米淀粉 16 克，白兰地 10 毫升，牛奶 50 毫升，黄桃 1 个，淡奶油 200 克

制作指导

蛋糕烤好、放凉后，要放入冰箱冻 2 小时之后，再取出用火枪脱模。

做法

❶ 将融化的牛油倒入饼干碎中拌匀。

❷ 步骤 1 倒入封好锡纸的模具内压平，冻凝固备用。

❸ 将奶油乳酪拌至软化，加入糖粉、酸奶拌匀。

❹ 将淡奶油分次加入步骤 3 中拌匀，再加入白兰地拌匀。

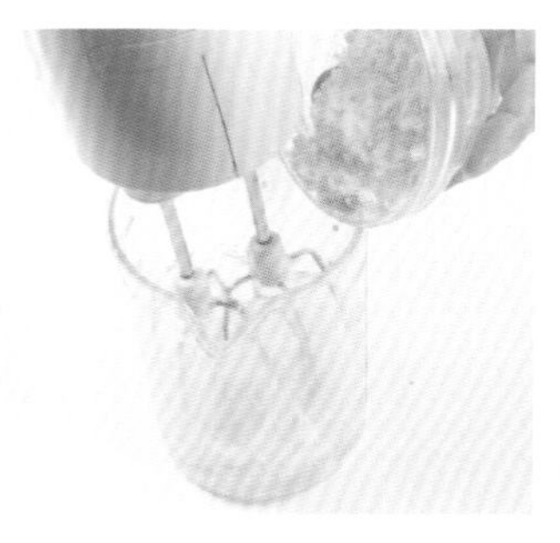

❺ 将蛋白加入玉米淀粉搅拌至湿性发泡。

❻ 将步骤 5 分次加入步骤 4 中搅拌均匀。

❼ 将步骤 6 倒入步骤 2 的模具内至八分满，抹平。

❽ 将黄桃摆入步骤 7 的面糊表面，入炉以 140℃烤 60 分钟。

❾ 步骤 8 拿出脱模，用黄桃装饰完成即可。

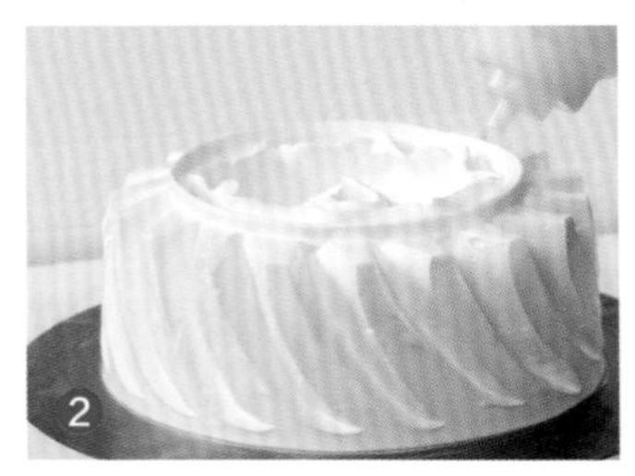

旋转轮盘

材料

蛋糕体1个，鲜奶油、绿色喷粉、透明果膏各适量，草莓2颗，黄桃半个，白巧克力2片

做法

❶ 用鲜奶油在蛋糕体上抹好直坯，然后用多功能铲刀在蛋糕侧边压出纹路，每条间隔大小一样。

❷ 用抹刀在蛋糕上面切割开，在切好的圆角上切割出一边，在中间切多一条边，用气瓶吹出幅度。

❸ 用刮片切割出蛋糕底边。

❹ 放上草莓、黄桃作为装饰，再扫上透明果膏。

❺ 放上巧克力配件。

❻ 在每条纹路间隔的地方喷上绿色喷粉即可。

制作指导

喷粉时要近点喷，不然颜色会散开。也可根据个人喜好选择其他颜色的喷粉进行创意设计。

雪山

材料

低筋面粉	125 克	鲜奶	15 毫升
土豆粉	125 克	鲜奶油	100 克
泡打粉	10 克	花生碎	100 克
奶油	250 克	草莓	4 颗
糖	250 克	芒果	半个
香草粉	少许	透明果膏	适量
鸡蛋	4 个	猕猴桃	400 克
柠檬皮	5 克	巧克力配件	适量

做法

1. 用低筋面粉、土豆粉、奶油、泡打粉、糖、香草粉、鸡蛋、柠檬皮、鲜奶做成蛋糕主体，放凉备用。
2. 用鲜奶油抹好直坯，然后用抹刀挑出一块奶油放在蛋糕平面上。
3. 在蛋糕底部撒上花生碎。
4. 放上各种水果，再扫上透明果膏。
5. 放巧克力配件作为装饰即可。

制作指导

注意每块奶油的高低度和间隔都要保持一致，这样才不会影响整体美观度。

蜜桃雪霜蛋糕

材料

蛋糕体1个，巧克力适量，水蜜桃果泥200克，水蜜桃酒20毫升，吉利丁6克，蛋白40克，糖、水、打发淡奶油、蜜桃片、巧克力配件各适量

制作指导

放在中间的夹心蛋糕片要比模具小一圈，否则会破坏蛋糕原有的形状，影响后期的抹油。

做法

❶ 水蜜桃果泥中加入泡软的吉利丁，拌至融化后降温。

❷ 糖、水混合，煮至120℃。

❸ 蛋白打至粗泡，冲入糖水快速打成意大利蛋白霜。

❹ 将步骤1倒入蛋白霜与打发淡奶油的混合物中拌匀。

❺ 加入水蜜桃酒拌匀，装裱花袋备用。

❻ 把蛋糕体放入有保鲜膜的模具中，贴上蜜桃片。

❼ 将步骤5的一半挤入模具内抹平，再放上一片蛋糕片。

❽ 再倒入步骤5剩余的材料，抹平，放入冰箱冻至凝固。

❾ 将蛋糕取出脱模，在蛋糕表面摆上各种巧克力配件、蜜桃片装饰即可。

苹果查洛地慕斯蛋糕

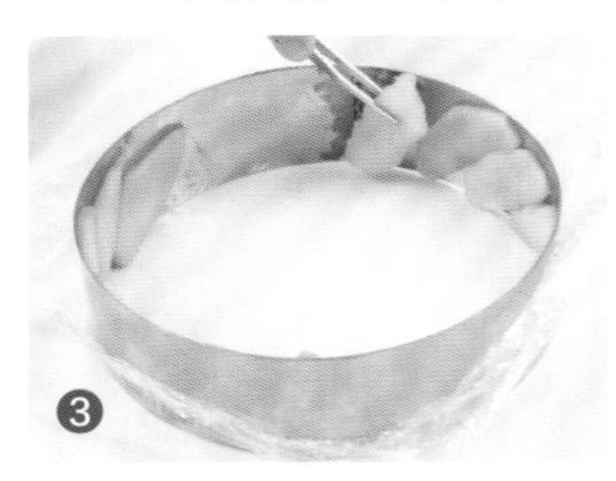

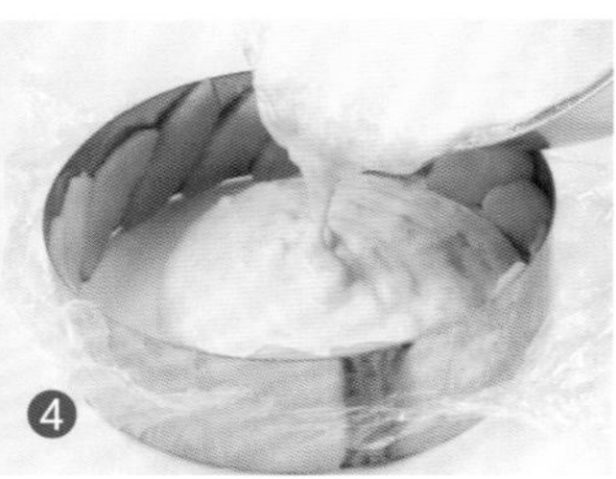

材料

蛋糕体 1 个，苹果片 235 克，柠檬汁 8 毫升，糖 105 克，奶油 20 克，吉利丁 6 克，白兰地 18 毫升，蛋白 85 克，水少许，巧克力配件适量

做法

❶将 200 克苹果片、奶油和糖混合，煮至苹果变软后加入柠檬汁，再把部分苹果片榨成泥状。

❷糖水加热至 120℃后，冲入五成发的蛋白中，打至全发。将苹果泥、白兰地加入拌匀，再隔热水温热后，加入泡软的吉利丁搅拌至融化，成苹果慕斯馅儿。

❸在垫有蛋糕片的模具内侧贴上煮过的剩余的苹果片。

❹将步骤 2 的馅料倒一半于步骤 3 的模具内。

❺在步骤 4 的馅料上放上一块蛋糕片，再倒入苹果慕斯馅抹平，放入冰箱冷固。

❻将步骤 5 取出用火枪脱模，装饰巧克力配件和水果即可。

欧式草莓甜蜜蛋糕

材料

低筋面粉	125 克	鲜奶	15 毫升
土豆粉	125 克	鲜奶油	100 克
泡打粉	10 克	草莓	200 克
奶油	250 克	红提	150 克
糖	250 克	话梅	100 克
香草粉	少许	糖粉	80 克
鸡蛋	4 个	白巧克力碎	适量
柠檬皮	5 克		

做法

❶ 用低筋面粉、奶油、土豆粉、泡打粉、糖、香草粉、鸡蛋、柠檬皮、鲜奶做成蛋糕主体，放凉备用。

❷ 用抹刀抹上鲜奶油，在蛋糕底部边缘撒上白巧克力碎。

❸ 在蛋糕表面放上一圈草莓，再放上红提。

❹ 在每颗草莓的间隔位置放上话梅。

❺ 筛上糖粉，然后在中间放上巧克力配件即可。

制作指导

选择的水果大小最好相差不大，这样摆上去才会有一种整齐感。

乳酪舒芙蕾蛋糕

材料

淡奶油50克，蛋黄40克，玉米淀粉20克，糖、蛋白各65克，牛奶140毫升，奶油乳酪185克，塔塔粉3克，草莓、话梅各1颗，蓝莓2颗

制作指导

蛋糕烤好后，待稍稍放凉就要立即脱模，否则蛋糕易收缩塌陷，影响制作。

做法

❶ 将牛奶和淡奶油加热至80℃备用。

❷ 加入蛋黄拌匀，再加入适量糖拌匀。

❸ 将过筛的玉米淀粉加入步骤2中拌匀。

❹ 再将温热的步骤1加入步骤3中拌匀。

❺ 将奶油乳酪隔热水软化，分次加入步骤4中拌匀。

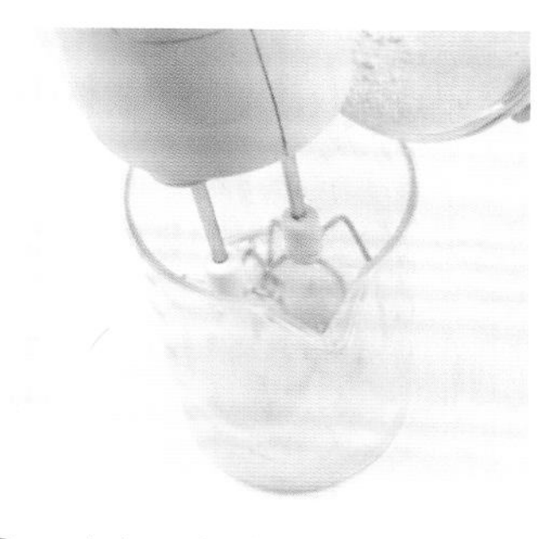

❻ 蛋白打至粗泡，加入剩余的糖和塔塔粉，搅拌至六成发。

❼ 将步骤6分次加入步骤5中拌匀，然后倒入封好锡纸的模具内至八分满。

❽ 将步骤7放入烤炉以180℃隔水烤至表面上色，再降至150℃，继续烤至熟出炉。

❾ 将步骤8脱模，加草莓、话梅、蓝莓装饰即可。

冷冻榴莲芝士蛋糕

材料

饼底：消化饼干 100 克，无盐奶油 50 克

慕斯馅：奶油芝士 75 克，牛奶 100 毫升，蛋黄 25 克，糖 32 克，榴莲肉 125 克，淡奶油 125 克，吉利丁 4 克，君度酒 5 毫升

其他：巧克力配件、草莓酱各适量

做法

❶ 将消化饼干压碎加入融化的无盐奶油中拌匀，封好冷冻。

❷ 将蛋黄、糖和牛奶隔热水打发至浓稠，加入泡软的吉利丁片拌至融化，再分次加入软化的奶油芝士中，搅拌至光滑无颗粒状，再加入榴莲果肉。

❸ 再将步骤 2 分次加入打至六成发的淡奶油拌匀，加入君度酒拌匀成榴莲慕斯馅。

❹ 将步骤 3 的馅料倒入步骤 1 的模具内抹平，放入冰箱冻至凝固备用。

❺ 将步骤 4 从冰箱拿出，用火枪加热模具边缘脱模。

❻ 在脱模的蛋糕上装饰巧克力配件和草莓酱即可。

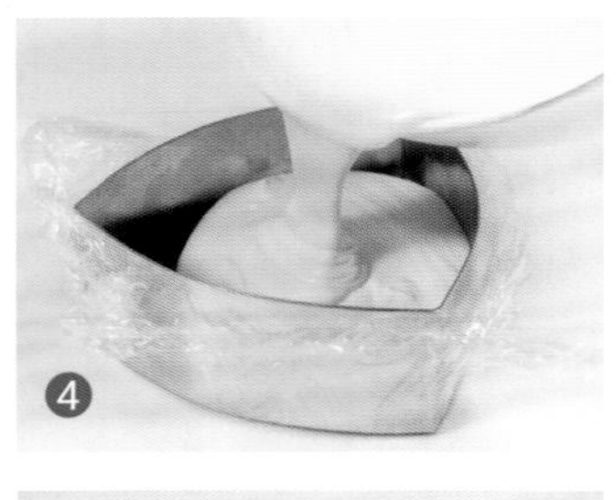

欧式水果纯滑蛋糕

材料

低筋面粉	125 克	鲜奶	15 毫升
土豆粉	125 克	鲜奶油	100 克
泡打粉	10 克	镜面果膏	适量
奶油	250 克	草莓	2 颗
糖	250 克	猕猴桃	1 片
香草粉	少许	芒果	半个
鸡蛋	4 个	透明果膏	适量
柠檬皮	5 克	巧克力配件	适量

做法

❶ 用低筋面粉、奶油、土豆粉、泡打粉、糖、香草粉、鸡蛋、柠檬皮、鲜奶做成蛋糕主体，放凉备用。

❷ 用鲜奶油抹好一个半圆形蛋糕，淋上一层透明果膏。

❸ 在蛋糕侧面贴上巧克力片。

❹ 在蛋糕面摆上空心巧克力圆环。

❺ 摆上各种水果装饰，在水果面扫上镜面果膏，放上巧克力条即可。

制作指导

摆水果时，尽可能将其摆在蛋糕中间，否则会将蛋糕边缘压坏。

葡萄紫米蛋糕

材料

紫米、蜂蜜各 25 克，牛奶 250 毫升，无盐奶油12克，盐0.5克，吉利丁 5克，橘皮屑10克，打发淡奶油 100 克，酒泡葡萄干 75 克，香草精、千层蛋糕片、巧克力配件、葡萄各适量

制作指导

葡萄干要先洗净，再用适量朗姆酒浸泡一晚备用。紫米也要先泡软，再加牛奶煮成糊状。

做法

❶ 紫米用清水浸泡 2 小时，加入牛奶和橘皮屑煮至浓稠。

❷ 加入香草精、盐和蜂蜜完全拌匀。

❸ 再将无盐奶油加入步骤 2 中拌匀至融化。

❹ 将泡软的吉利丁加入步骤 3 中拌融化，降至手温。

❺ 将步骤 4 分次加入打发淡奶油中拌匀。

❻ 将模具封好保鲜膜，内侧和底部贴上千层蛋糕片。

❼ 将步骤 5 的馅料倒入步骤 6 的模具内一半高，再把酒泡葡萄干撒于馅料上夹心。

❽ 将步骤 5 的剩余的馅料倒入步骤 7 的模具内抹平，放入冰箱冻至凝固备用。

❾ 将步骤 8 拿出，用火枪脱模，装饰水果和巧克力配件即可。

北极雪人

材料

蛋糕体1个，柠檬果膏、软质巧克力果膏、巧克力片、透明果膏、鲜奶油各适量，草莓2颗，猕猴桃2片，黄桃半个

做法

❶ 在用鲜奶油抹好的直角蛋糕面上挤上柠檬果膏，用抹刀将果膏抹平。

❷ 用圆嘴挤出小雪人的身体和头部。

❸ 用圆嘴挤出手脚的轮廓，再用不同的颜色挤出帽子、围巾和鼻子，用火枪将表面烧光滑。

❹ 用软质巧克力果膏画出眼睛等细线条。

❺ 在表面放上巧克力片，再在底部打上花边。

❻ 放各种水果和巧克力配件做装饰，扫上透明果膏即可。

制作指导

雪人的五官可以按人的五官位置分布来制作，挤鼻子要稍微挤长一点。

欧式水果花型蛋糕

材料

低筋面粉	125 克	鸡蛋	4 个
土豆粉	125 克	柠檬皮	5 克
泡打粉	10 克	鲜奶	15 毫升
奶油	250 克	鲜奶油	100 克
糖	250 克	白巧克力配件	适量
香草粉	少许		

做法

❶ 用低筋面粉、土豆粉、奶油、泡打粉、糖、香草粉、鸡蛋、柠檬皮、鲜奶做成蛋糕主体，放凉备用。

❷ 用鲜奶油抹好一个半圆形蛋糕，侧面围上巧克力片。

❸ 在蛋糕顶部铺满巧克力碎，用刀抹平。

❹ 把做好的马蹄莲巧克力花装饰上去。

❺ 蛋糕周围搭配好绿色的巧克力条即可。

制作指导

巧克力要先在冰箱中冻过，才能刮出巧克力碎。

欧式巧克力蛋糕

材料

低筋面粉 125 克，土豆粉 125 克，泡打粉 10 克，奶油 250 克，糖 250 克，香草粉少许，鸡蛋 4 个，柠檬皮 5 克，鲜奶 15 毫升，鲜奶油 200 克，草莓 5 颗，黄桃半个，巧克力花 2 朵，巧克力旋片 200 克

做法

❶ 用低筋面粉、土豆粉、奶油、泡打粉、糖、香草粉、鸡蛋、柠檬皮、鲜奶做成蛋糕主体。
❷ 用鲜奶油抹好直角蛋糕坯，摆上各种水果装饰。
❸ 把做好的巧克力花放在蛋糕面上，周围摆上巧克力旋片。
❹ 在蛋糕侧面贴上半圆形的巧克力旋片即可。

制作指导

在蛋糕侧边贴巧克力片的时候，注意两者之间的空隙要适中，可用彩色巧克力片装饰。

欧式草莓圆环蛋糕

材料

低筋面粉125克，土豆粉125克，泡打粉10克，奶油250克，糖250克，香草粉少许，鸡蛋4个，柠檬皮 5 克，鲜奶 15 毫升，鲜奶油 100 克，黑巧克力圈1个，白巧克力100克，草莓 80 克，镜面果膏适量，糖粉 30 克

做法

❶ 用低筋面粉、土豆粉、奶油、泡打粉、糖、香草粉、鸡蛋、柠檬皮、鲜奶做成蛋糕主体，放凉备用。
❷ 用鲜奶油抹好蛋糕坯，摆上黑巧克力圈、白巧克力、草莓。
❸ 水果面扫上镜面果膏。
❹ 在水果上撒上防潮糖粉即可。

制作指导

注意抹蛋糕体的奶油不可太发，否则直坯的表面会不光滑。

PART 2

中级入门篇

经过初级蛋糕的实践锻炼，你应该可以制作出一个完整的蛋糕了。本部分为你挑选的这些蛋糕在配方的用料和制作步骤上开始有点复杂了，但是你只要按照我们的步骤来制作，就不会很难，继续加油噢。

原味重芝士

材料

饼干底：巧克力饼干 100 克，无盐奶油 50 克

面糊：乳酪 300 克，糖 135 克，黄油 20 克，蛋黄 3 个，蛋清 3 个，柠檬汁 3 毫升，话梅、蓝莓各 1 颗，马卡龙 1 个

做法

1. 将融化的无盐奶油倒入压碎的巧克力饼干内拌匀。
2. 将步骤1倒入底部垫有油纸的模具内压平，放入冰箱冻至凝固备用。
3. 将乳酪搅拌至软滑，加入黄油拌匀，加入糖、蛋黄搅拌至溶化均匀。
4. 将柠檬汁加入步骤3中拌匀，将蛋清加糖搅拌至湿性发泡后混合备用。
5. 将步骤4的面糊倒入步骤2的模具内抹平，放入160℃的烤炉隔水烤70分钟左右。
6. 步骤5烤熟出炉，待凉后再放入冰箱冻2小时，取出脱模装饰即可。

欧式水果火焰形蛋糕

材料

低筋面粉	125克	鲜奶	15毫升
土豆粉	125克	鲜奶油	100克
泡打粉	10克	黑巧克力	200克
奶油	250克	糖粉	80克
糖	250克	杏仁片	适量
香草粉	少许	草莓	2颗
鸡蛋	4个	绿色巧克力条	3个
柠檬皮	5克		

做法

1. 用低筋面粉、土豆粉、泡打粉、奶油、糖、香草粉、鸡蛋、柠檬皮、鲜奶做成蛋糕主体，放凉备用。
2. 用鲜奶油抹好蛋糕，侧面贴上巧克力条。
3. 蛋糕面上，用弧形巧克力片围成一朵花。
4. 在花的顶部，撒上防潮糖粉装饰。
5. 蛋糕另一半侧面贴上半边的杏仁片，摆上水果、绿色巧克力条即可。

制作指导

筛糖粉的时候注意不要过多，否则会影响整体效果和口感，均匀一点即可。

杏仁慕斯蛋糕

材料

蛋糕体1个，无盐奶油60克，糖200克，杏仁粉40克，糖粉50克，牛奶80毫升，蛋黄20克，布丁粉6克，蛋白85克，淡奶油、白巧克力各适量，草莓1颗，杏仁10颗

制作指导

淡奶油和白巧克力融化时，尽量朝同一个方向搅拌，水温不宜过高，否则容易呈沙粒状。

做法

① 将无盐奶油、糖粉和杏仁粉搅拌至柔软松发。

② 将蛋黄、糖、布丁粉、牛奶拌匀，隔热水打发至浓稠。

③ 将步骤2分次加入步骤1中搅拌均匀。

④ 糖水加热后，冲入五成发的蛋白，即成意大利蛋白霜。

⑤ 将步骤4分次加入步骤3中，拌匀即成杏仁慕斯馅。

⑥ 步骤5倒入垫有蛋糕片的模具中至八分满，抹平冷冻。

⑦ 将淡奶油和白巧克力隔水加热至融化。

⑧ 步骤7冷却后，将其倒入冻至凝固的步骤6表面抹平，再放入冰箱冻凝固备用。

⑨ 将步骤8用火枪脱模，装饰巧克力配件和水果即可。

笑逐颜开

材料

蛋糕体1个，鲜奶油、巧克力果膏、黄色喷粉、透明果膏各适量，草莓 4 颗，猕猴桃 3 片，蓝莓 7 颗

做法

❶ 用鲜奶油抹好一个直角蛋糕，用软刮片挖出中间的奶油，装修好边缘部分，用抹刀垂直从边沿往下压。

❷ 用挖球器对准往下压的奶油往上推去。

❸ 将巧克力果膏淋到蛋糕中间。

❹ 喷上黄色喷粉。

❺ 在蛋糕中间摆上草莓、猕猴桃等新鲜水果。

❻ 扫上透明果膏即可。

制作指导

每个间隔的距离要一样，先将挖球器加热再推动奶油，就不容易粘奶油了。

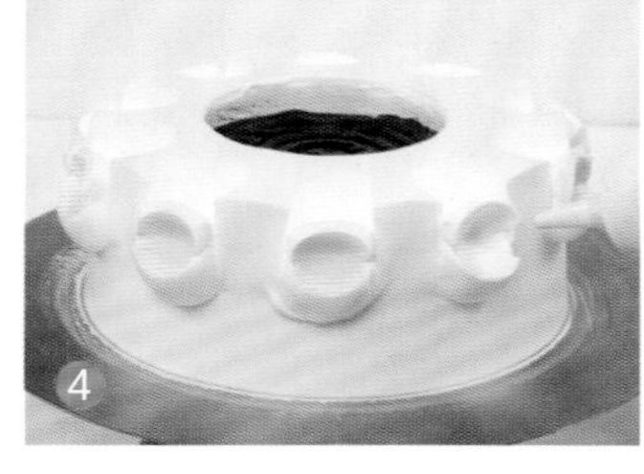

欧式水果巧克力蛋糕

材料

低筋面粉	125 克	鲜奶	15 毫升
土豆粉	125 克	鲜奶油	100 克
泡打粉	10 克	镜面果膏	适量
奶油	250 克	黑巧克力	200 克
糖	250 克	粉红巧克力花	1 朵
香草粉	少许	草莓	4 颗
鸡蛋	4 个	猕猴桃	1 片
柠檬皮	5 克	圆形巧克力片	1 个

做法

1. 用低筋面粉、土豆粉、奶油、泡打粉、糖、香草粉、鸡蛋、柠檬皮、鲜奶做成蛋糕主体，放凉备用。
2. 用鲜奶油抹好蛋糕，放上一块圆形的巧克力片。
3. 在巧克力片前方放上粉红色的巧克力花。
4. 巧克力花旁摆上水果，扫上镜面果膏。
5. 蛋糕侧面贴上巧克力片即可。

制作指导

插巧克力配件时要先挤上一些奶油，这样才不会滑掉。

For You

鸡尾酒蜜桃蛋糕

材料

糖、蛋黄各 45 克，鸡蛋 1 个，香槟 83 毫升，吉利丁 5 克，打发淡奶油 123 克，水蜜桃泥 250 克，吉利丁 6 克，水蜜桃酒 15 毫升，糖 38 克，蛋糕体 1 个，马卡龙 10 个，巧克力配件适量，黄桃 1 个

制作指导

吉利丁要先用冰水泡软再捞出吸干水分备用，也可直接购买泡发的吉利丁使用。

做法

❶ 蛋黄、鸡蛋和糖拌匀，加入香槟隔热水搅拌浓稠。

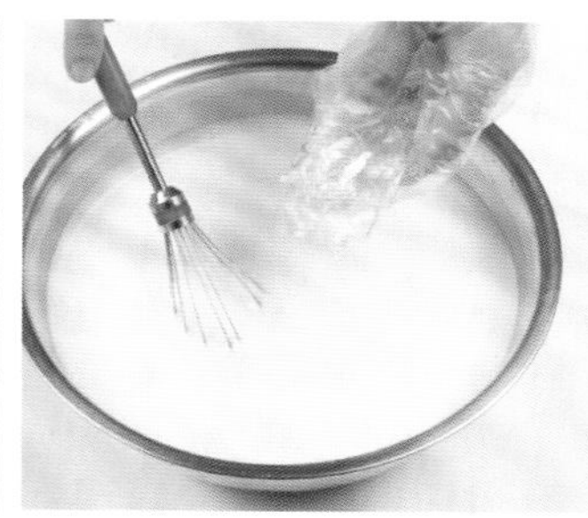

❷ 泡软的吉利丁加入步骤1拌融化后，隔冰水降至手温。

❸ 将步骤2加入打发的淡奶油中拌匀成香槟馅。

❹ 步骤3的馅料挤入垫有蛋糕片的模具至一半高。

❺ 再放一块蛋糕片，挤入馅至模具的八分满，冷冻成型。

❻ 水蜜桃泥、糖加热，加入泡软的吉利丁拌融化。

❼ 将步骤6隔冰水降温后，加入水蜜桃酒拌匀。

❽ 将步骤7倒入步骤5的馅料上抹平，再冻凝固备用。

❾ 蛋糕用火枪脱模，装饰马卡龙、巧克力配件和水果。

热情缤纷

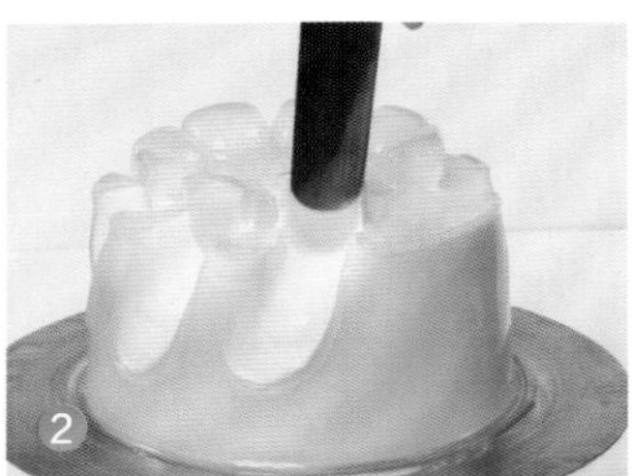

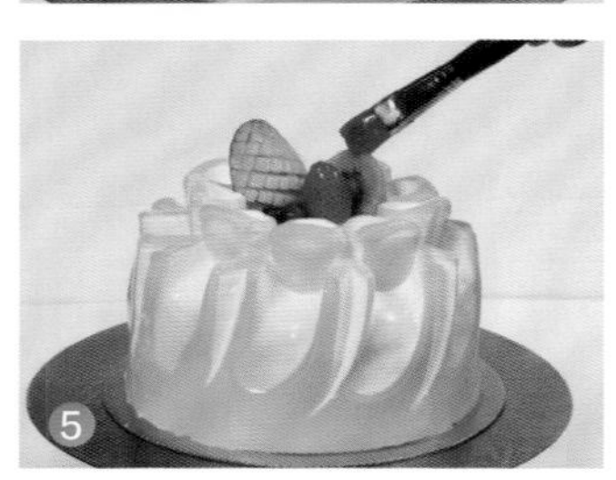

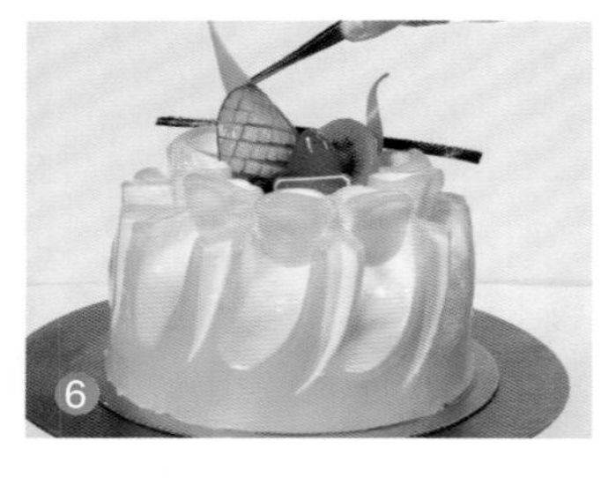

材料

蛋糕体1个，鲜奶油、柠檬果膏、透明果膏、巧克力配件各适量，草莓1颗，芒果半个，猕猴桃1片

做法

1. 用鲜奶油抹好一个直角蛋糕，顶部抹上柠檬果膏。
2. 在蛋糕边缘淋上柠檬果膏，抹刀旋转往上握，用挖球器往内压。
3. 用多功能小铲由上往下压。
4. 在蛋糕中间摆上草莓等新鲜水果。
5. 在水果上面扫上透明果膏。
6. 装饰巧克力配件即可。

制作指导

不要抹太多果膏，间隔距离要尽量一致，推奶油上去时转动转盘，拉出弧度。

欧式水果烟囱蛋糕

材料

低筋面粉	125 克	鲜奶	15 毫升
土豆粉	125 克	鲜奶油	100 克
泡打粉	10 克	糖粉	80 克
奶油	250 克	黄色巧克力片	10 片
糖	250 克	绿色巧克力条	2 个
香草粉	少许	黑巧克力片	适量
鸡蛋	4 个	草莓	2 颗
柠檬皮	5 克		

做法

1. 用低筋面粉、奶油、土豆粉、泡打粉、糖、香草粉、鸡蛋、柠檬皮、鲜奶做成蛋糕主体，放凉备用。
2. 用鲜奶油抹好蛋糕，不规则地插上半圆巧克力片。
3. 在巧克力片上撒上防潮糖粉。
4. 蛋糕侧面贴上黄色巧克力片。
5. 摆上水果，插上绿色的巧克力条即可。

制作指导

刮齿纹时，刮片一定要贴到奶油上刮，否则纹路会不清楚。注意保持平稳，不然纹路会歪斜，影响美观。

威士忌蛋糕

材料

原味海绵蛋糕片、山梅果馅各适量，糖 38 克，水 15 毫升，蛋黄 38 克，威士忌 18 毫升，牛奶 20 毫升，即溶吉士粉、吉利丁各 5 克，打发淡奶油 150 克，巧克力配件适量，草莓 2 颗

制作指导

吉利丁泡软后，要用干燥的纸巾吸干表面的水分，以免吉利丁过软。

做法

❶ 将原味海绵蛋糕片抹上山梅果馅，并卷成蛋卷冻硬。

❷ 蛋黄、糖拌匀，再加入牛奶拌匀，隔热水搅拌至浓稠。

❸ 将泡软的吉利丁加入步骤2中拌至融化。

❹ 将水和即溶吉士粉拌匀后，和步骤3混合拌匀。

❺ 在步骤4中加入威士忌，拌匀后隔冰水降至手温。

❻ 分次加入打发淡奶油中拌匀，即成威士忌慕斯馅。

❼ 将步骤1冻好的蛋卷切片贴入模具内侧,再在里面放上一片蛋糕片垫底。

❽ 将步骤6的馅料挤入步骤7的模具内抹平，放入冰箱冻凝固备用。

❾ 将步骤8加热脱模，挤上打发的淡奶油，再用巧克力和水果装饰即可。

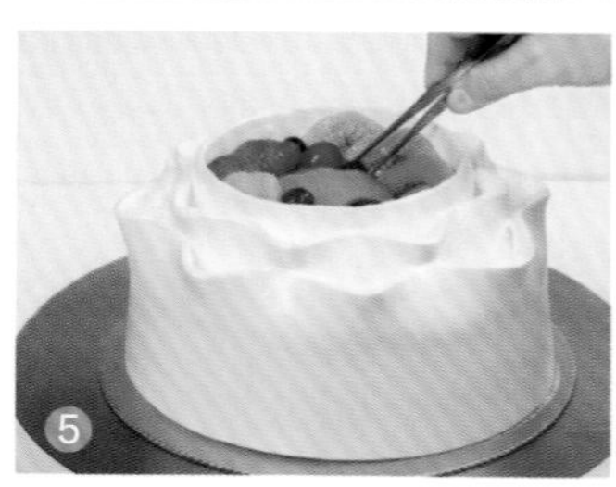

花样年华

材料

蛋糕体 1 个，鲜奶油、透明果膏各适量，黑巧克力 15 片，草莓 4 颗，猕猴桃半个

做法

❶ 用鲜奶油抹好一个直角蛋糕，右手拿着抹刀顺边缘往下压，左手迅速转动转盘。

❷ 内圈的奶油高出后用刮板刮平。

❸ 再用抹刀顺着内圈边缘往下压，刮出第三层，用塑料气瓶把奶油吹出弧度，三层分别吹出小弧度。

❹ 再用小刮板把蛋糕中间的奶油刮出来。

❺ 在蛋糕中间摆上新鲜水果。

❻ 在水果上面扫上透明果胶，蛋糕侧面贴上黑巧克力片装饰即可。

制作指导

鲜奶油不能打得太老，蛋糕底一定要放在中间，切边的每条边大小要一样，吹边时要注意力度。

欧式水果指环蛋糕

材料

低筋面粉	125 克	鲜奶	15 毫升
土豆粉	125 克	鲜奶油	100 克
泡打粉	10 克	镜面果胶	适量
奶油	250 克	巧克力碎	适量
糖	250 克	巧克力配件	适量
香草粉	少许	草莓	4 颗
鸡蛋	4 个	芒果	半个
柠檬皮	5 克	黄桃	半个

做法

❶ 用低筋面粉、奶油、土豆粉、泡打粉、糖、香草粉、鸡蛋、柠檬皮、鲜奶做成蛋糕主体，放凉备用。

❷ 把鲜奶油先用抹刀垂直抹出直角蛋糕底，在中心切空心。

❸ 在空心边缘摆上各种水果。

❹ 在蛋糕底部撒上巧克力碎。

❺ 将巧克力配件插上，在水果表面扫上镜面果胶即可。

制作指导

同种颜色的水果放在一起会比较好看。

沙威雨蛋糕

材料

淡奶油 87 克，开心果酱 20 克，肉桂粉 2 克，白巧克力 162 克，无盐奶油 38 克，糖浆 8 毫升，可可脂 25 克，黑巧克力 81 克，鲜奶油 125 克，蛋黄 60 克，鸡蛋 1 个，糖 70 克，水 18 毫升，草莓 1 颗

制作指导

巧克力慕斯馅冷却温度不能太低，否则馅料容易凝固。

做法

❶ 白巧克力加入可可脂、糖浆和无盐奶油融化。

❷ 加肉桂粉和开心果酱拌匀，隔冰水降温至38℃左右。

❸ 分次加入打发的淡奶油中，拌匀即成肉桂开心果馅。

❹ 糖、水加热，冲入打散的蛋黄、鸡蛋中搅拌至浓稠。

❺ 黑巧克力融化后加入步骤4中拌匀，降温至38℃左右。

❻ 步骤5加入打发的鲜奶油中拌匀，即成巧克力慕斯馅。

❼ 步骤6倒一半在模具中，抹平放上1片蛋糕片。

❽ 再挤上步骤2的馅，抹平，倒入剩余的馅抹平，冻硬。

❾ 将步骤8取出，用火枪脱模，装饰巧克力和水果。

恋人世界

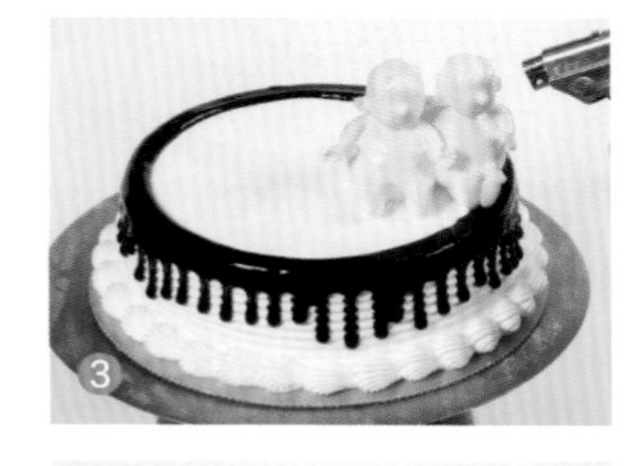

材料

蛋糕体 1 个，奶油、巧克力果膏、透明果膏各适量，巧克力卷 1 个，草莓 8 颗，猕猴桃 1 个

做法

❶ 在抹好鲜奶油的直角蛋糕上，用牙嘴打出水滴状的花边。
❷ 再挤上巧克力果膏。
❸ 用圆嘴挤出小孩的身体和头部，用花枪把表面烧光滑。
❹ 用软质巧克力果膏画出眼睛等细线条，再用不同颜色的巧克力挤出男孩和女孩的头发。
❺ 放上水果、巧克力卷作为装饰。
❻ 扫上透明果膏即可。

制作指导

注意人物的头是额头宽下巴尖，在头的 1/3 处要加上 2 个小腮帮。

维尼熊的世界

材料

低筋面粉	125克	鲜奶	15毫升
土豆粉	125克	糖粉	30克
泡打粉	10克	镜面果胶	适量
奶油	250克	鲜奶油	100克
糖	250克	巧克力配件	适量
香草粉	少许	草莓	4颗
鸡蛋	4个	猕猴桃	2片
柠檬皮	5克	黄桃	半个

做法

1. 用低筋面粉、奶油、土豆粉、泡打粉、糖、香草粉、鸡蛋、柠檬皮、鲜奶做成蛋糕主体。
2. 用巧克力泥捏出小熊维尼的屁股和脚，贴上身体，粘合上衣领和手，粘合上头，做上眼睛和耳朵。
3. 用火枪烧光滑，用圆嘴在抹好鲜奶油的直角蛋糕上挤圆点。
4. 用挖球器在圆点上压一下，用小筛子在圆点上撒上糖粉，在边上贴上巧克力配件。
5. 把做好的小熊维尼放在蛋糕面上，摆上水果、扫上镜面果胶，摆上巧克力配件。

小狗乐乐

材料

蛋糕体 1 个，巧克力果膏、鲜奶油、透明果膏、软质巧克力膏、黄色喷粉各适量，草莓 4 颗，芒果半个

做法

❶ 用鲜奶油抹出直角蛋糕，挤上一圈巧克力果膏，用抹刀将果膏抹平。

❷ 用圆嘴挤出狗的身体和四肢，再挤出狗的头部和轮廓。

❸ 用火枪将表面烧光滑。

❹ 用软质巧克力膏画出眼睛等线条，用黄色喷粉上色。

❺ 用牙嘴在侧面挤出花边。

❻ 放上各种水果做装饰，扫上透明果膏即可。

制作指导

挤狗的前脚时，要从它的脖子下面一点开始，由小到大挤出来。

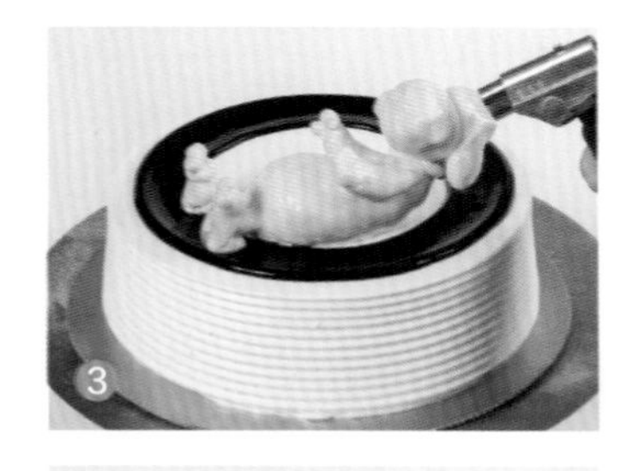

欧式水果网格蛋糕

材料

低筋面粉	125克	柠檬皮	5克
土豆粉	125克	鲜奶	15毫升
泡打粉	10克	鲜奶油	100克
奶油	250克	黑巧克力	100克
糖	250克	白巧克力	80克
香草粉	10克	橙色巧克力	13条
鸡蛋	4个	草莓	1颗

做法

1. 用低筋面粉、奶油、土豆粉、泡打粉、糖、香草粉、鸡蛋、柠檬皮、鲜奶做成蛋糕主体，放凉备用。
2. 用鲜奶油抹好蛋糕坯，然后放上橙色巧克力条。
3. 蛋糕侧面摆上弧形黑巧克力片。
4. 把做好的白巧克力花粘上去。
5. 摆上水果、巧克力条即可。

制作指导

摆橙色巧克力条时，应用白色巧克力与其贴起来，否则会滑动。

THANK
YOU

南瓜香草奶油蛋糕

材料

吉士粉 20 克，牛奶 65 毫升，南瓜泥 95 克，奶油 120 克，吉利丁 2 克，肉桂粉少许，朗姆酒 5 毫升，麦芽糖、白巧克力各 30 克，香草粉、可可脂各适量，蛋糕 1 片，巧克力圈、透明果膏各适量，草莓 3 颗

制作指导

南瓜要先烤熟或蒸熟并搅成泥，如果南瓜不甜，可适量加些糖调味。

做法

① 牛奶和吉士粉拌匀后，再加入南瓜泥、肉桂粉拌匀。

② 泡软的吉利丁加入步骤1中拌融化，加入朗姆酒拌匀。

③ 降温后分次加入适量奶油拌匀，即成南瓜奶油馅。

④ 挤入垫有蛋糕片的模具中至一半高并抹平，冻至凝固。

⑤ 奶油、麦芽糖、白巧克力、可可脂、香草粉拌匀。

⑥ 冷却后加入剩余的奶油拌匀，即成香草巧克力馅。

⑦ 香草馅料倒入步骤4的模具内抹平，冻硬备用。

⑧ 将步骤7用火枪加热模具边缘，脱模。

⑨ 扫上透明果膏，插上巧克力圈、水果等即可。

加菲猫的快乐时光

材料

蛋糕体 1 个，鲜奶油、柠檬果膏、软质巧克力膏各适量，草莓 2 颗，猕猴桃 1 片

做法

❶ 用鲜奶油抹出直角蛋糕，在上面挤上柠檬果膏，然后用抹刀抹平。

❷ 用牙嘴在蛋糕边角打转，拉出弧形边；再用牙嘴在侧面打出底边。

❸ 用圆嘴挤出加菲猫的身体和四肢。

❹ 再用圆嘴挤出头部和轮廓。

❺ 用火枪将表面烧光滑。

❻ 用软质巧克力膏画出眼睛等细线条，最后再摆上各种新鲜水果即可。

制作指导

加菲猫的眼睛要大，胡子由粗到细向上提。

延年益寿

材料

低筋面粉	125克	柠檬皮	5克
土豆粉	125克	鲜奶	15毫升
泡打粉	10克	镜面果胶	适量
奶油	250克	鲜奶油	100克
糖	250克	草莓果膏	适量
香草粉	少许	草莓	10颗
鸡蛋	4个	巧克力配件	适量
巧克力泥	适量		

做法

❶用低筋面粉、奶油、土豆粉、泡打粉、糖、香草粉、鸡蛋、柠檬皮、鲜奶做成蛋糕主体，放凉备用。

❷用巧克力泥搓出身体，粘合寿星公的手。

❸做好头，粘上发髻，再用火枪烧光滑。

❹用鲜奶油抹好直角蛋糕，淋上草莓果膏，把果膏抹平，用平口嘴挤上花边。

❺用花嘴挤上花边，用小圆嘴挤上花边，把做好的寿星公放在蛋糕面上。

❻放草莓和巧克力配件，扫镜面果胶即可。

制作指导

寿星公的胡子要搓成水滴状捏扁贴上去。

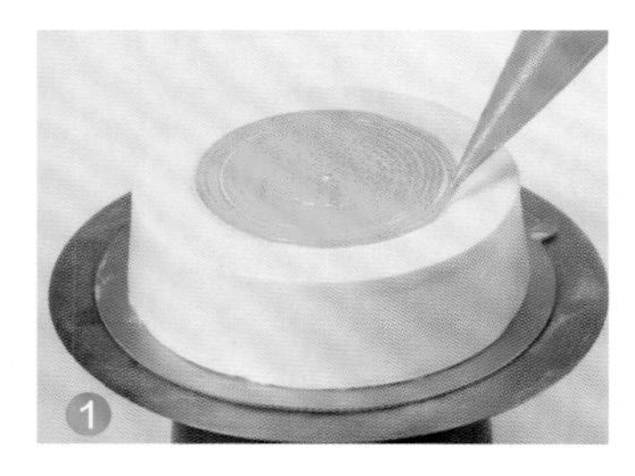

小笨象

材料

蛋糕体 1 个，香橙果膏、软质巧克力膏、透明果膏、鲜奶油各适量，草莓 3 颗，猕猴桃 1 个

做法

1. 在用鲜奶油抹好的直角蛋糕上挤上香橙果膏，用抹刀将果膏抹平。
2. 用花嘴在侧面拉出花边。
3. 用圆嘴挤出小象的身体和头部的轮廓，再用纸筒挤出四肢的轮廓。
4. 用火枪将表面烧光滑。
5. 用软质巧克力膏画出眼睛等细线条。
6. 放上水果作为装饰，扫上透明果膏即可。

制作指导

在象头部 1/3 处的两边挤上 2 个圆腮，然后在腮的中间挤出象的长鼻子。

小男孩的美好时光

材料

低筋面粉	125克	鲜奶	15毫升
土豆粉	125克	镜面果胶	适量
泡打粉	10克	鲜奶油	100克
奶油	250克	白巧克力	30克
糖	250克	天蓝色果膏	适量
香草粉	少许	草莓	1颗
鸡蛋	4个	猕猴桃	2片
柠檬皮	5克	马卡龙	1个

做法

1. 用低筋面粉、土豆粉、奶油、泡打粉、糖、香草粉、鸡蛋、柠檬皮、鲜奶做成蛋糕主体，放凉备用。
2. 用巧克力泥做好小男孩的身体和脚，把做好的围裙、手、头粘上。
3. 粘上眼白、耳朵、头发，用火枪烧光滑。
4. 用缺口嘴在蛋糕边上挤出花边，用小圆嘴挤出花边，再点上花边，最后淋上天蓝色果膏。
5. 把做好的男孩放在蛋糕上，摆上水果、巧克力配件、马卡龙，扫上镜面果胶即可。

加勒比海蛋糕

材料

牛奶 65 毫升，巧克力碎 65 克，蛋黄、糖各 20 克，淡奶油 200 克，吉利丁、朗姆酒各适量，牛奶、椰浆各 65 毫升，椰丝 8 克，蛋黄、糖各 25 克，椰子酒 10 毫升，巧克力果膏、巧克力配件、芒果各适量

制作指导

第一层巧克力馅一定要完全冻凝固后才能倒入第二层椰子馅。

做法

❶ 牛奶、蛋黄和糖拌匀，加入泡软的吉利丁至融化。

❷ 加入巧克力碎搅拌至融化，再隔冰水降温至36℃。

❸ 加入100克打发的淡奶油中拌匀，再加入朗姆酒拌匀。

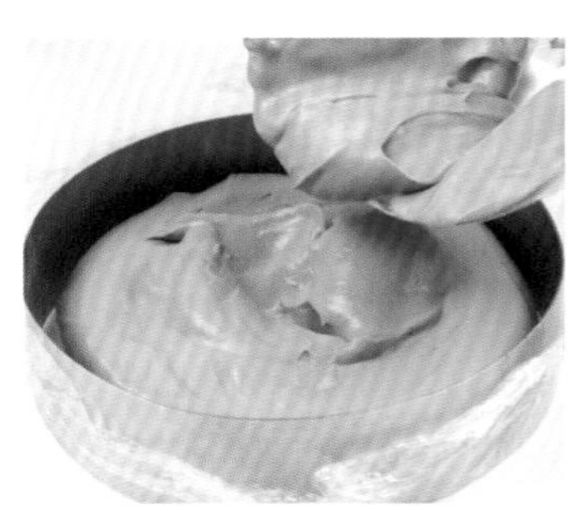

❹ 倒入垫有蛋糕片的模具中抹平，放入冰箱冷冻备用。

❺ 牛奶、椰浆、椰丝加热，冲入蛋黄、糖中拌匀。

❻ 泡软的吉利丁加入步骤5中拌至融化，降温备用。

❼ 加入100克淡奶油中拌匀，加入椰子酒拌匀成椰子馅。

❽ 将椰子馅倒入已凝固的步骤4上抹平，再冷冻备用。

❾ 脱模，挤巧克力果膏线条，摆水果、巧克力配件即可。

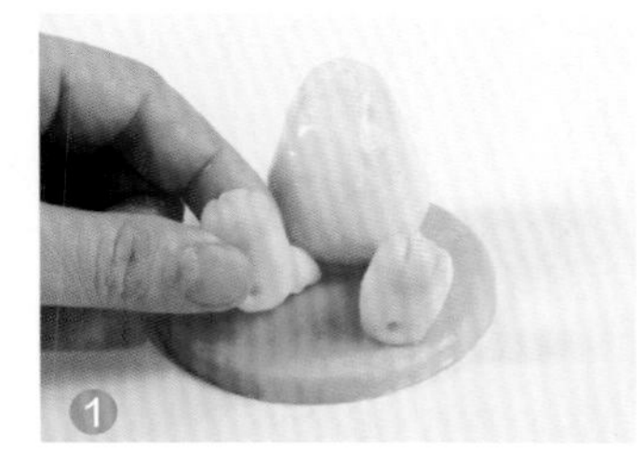

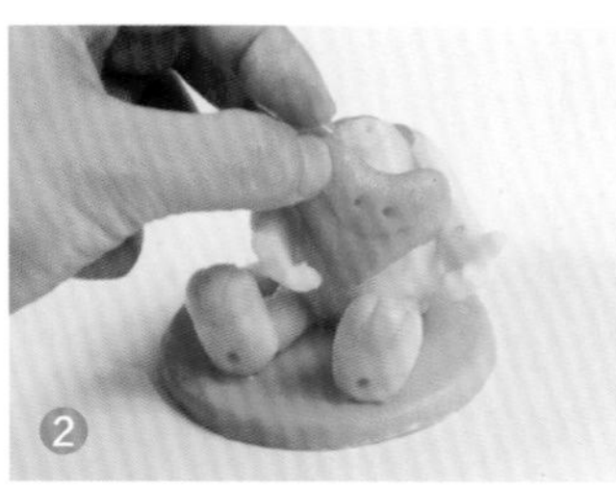

期待爱的小熊

材料

蛋糕体1个，镜面果胶、鲜奶油各适量，草莓2颗，黄桃半个，猕猴桃2片，黑、白巧克力配件各适量

做法

❶用巧克力泥捏出小熊的身体和脚。
❷粘合上手，做上肚兜。
❸做上头部，粘合上耳朵，用火枪烧光滑。
❹用鲜奶油抹好直角蛋糕，用平口嘴挤上花边。
❺把做好的小熊放在蛋糕上。
❻摆上水果和做好的巧克力配件，扫上镜面果胶即可。

制作指导

小熊的头部是分两次来粘合的，这样做出来的小熊才像，注意捏的时候手劲不要太大。

白玫瑰慕斯蛋糕

材料

白巧克力慕斯馅：

牛奶	33 毫升
蛋黄	30 克
糖	20 克
白巧克力	67 克
无盐奶油	13 克
吉利丁	10 克
淡奶油	80 克
打发淡奶油	173 克

玫瑰奶冻：

牛奶	90 毫升
淡奶油	38 克
玫瑰花茶	5 克
吉利丁	4克
蛋黄	25 克
糖	25克
玉米粉	2克

其他：

蛋糕体	1 个
巧克配件	适量
玫瑰花干	20 克

做法

1. 蛋黄、糖和牛奶拌匀后，隔热水搅拌至浓稠，再加入无盐奶油、吉利丁。
2. 淡奶油加热，加入白巧克力碎拌至融化。
3. 倒入步骤1中，降至手温，加入打发的淡奶油成馅。
4. 将馅倒入垫有蛋糕片的模具内，冷冻。
5. 牛奶、淡奶油加热，加入玫瑰花茶闷泡10分钟左右，过滤备用。
6. 加入蛋黄、糖、玉米粉中拌至浓稠。
7. 加入吉利丁，降温后倒入4中抹平，冷冻。
8. 用火枪加热脱模，装饰各种巧克力配件和玫瑰花干即可。

Delicious
Gift

核桃摩卡蛋糕

材料

咖啡奶油馅：奶油、核桃各100克，即溶咖啡3克，蛋白40克，水20毫升，糖65克

其他：巧克力蛋糕1个，巧克力配件适量，核桃100克

制作指导

蛋炒核桃时，要用小火，并且要不停地翻炒，以免炒糊，影响口感。

做法

①将适量糖、水煮至120℃。

②糖水冲入三成发的蛋白中，打成意大利蛋白霜。

③即溶咖啡加入少许水调成咖啡酱。

④将步骤3加入打至发白的奶油中拌匀。

⑤加入意大利蛋白霜拌匀。

⑥剩余的糖加水煮至溶化，加入核桃，捣成碎末。

⑦将步骤6加入步骤5中拌匀，装裱花袋中备用。

⑧将巧克力蛋糕放入用保鲜膜封好的模具中。

⑨将步骤7中一半的奶油馅挤入模具中抹平。

⑩放入一片蛋糕，挤入剩余奶油馅，抹平冻至凝固。

⑪用火枪加热模具侧边，脱模备用。

⑫在蛋糕上摆放各种巧克力配件及核桃装饰即可。

快乐北极熊

材料

蛋糕体 1 个，鲜奶油、软质巧克力膏、透明果膏各适量，草莓 5 颗，猕猴桃 5 片，糖粉 30 克，巧克力配件适量

做法

❶ 用鲜奶油抹好直角蛋糕，用牙嘴在蛋糕侧面挤出底边，用牙嘴在表面拉出花边。

❷ 用圆嘴挤出小熊的身体和四肢，再用圆嘴挤出头部的轮廓。

❸ 用火枪将表面烧光滑。

❹ 用小筛子在小熊上撒上糖粉，用软质巧克力膏画出小熊的眼睛和嘴等线条。

❺ 放上各种水果做装饰。

❻ 放上巧克力配件，扫上透明果膏即可。

制作指导

熊的身体和头部一定要挤圆，这样才会可爱。

曼达琳慕斯蛋糕

材料

蜜柑橘慕斯馅：

橘子果汁	100 毫升
蛋黄	25 克
糖	40 克
吉利丁	3 克
打发淡奶油	100 克
橘子果肉	适量

芝士慕斯馅：

芝士	85 克
糖	50 克
酸奶	45 毫升
柠檬汁	20 毫升
吉利丁	3 克
蛋黄	20 克
水	少许

其他：

蛋糕体	1 个
巧克力配件	适量
草莓	2 颗
黄桃	半个

做法

1. 适量糖和水加热，冲入蛋黄，拌至浓稠。
2. 将芝士搅拌至松软，加入剩余的糖拌至糖溶化。
3. 将酸奶和柠檬汁分次加入步骤2中拌匀。
4. 将步骤1和3拌匀，加入吉利丁成慕斯馅。
5. 倒入垫好蛋糕的模具内，抹平冻至凝固。
6. 蛋黄、糖和橘子汁拌匀加热，拌至浓稠。
7. 加入吉利丁、橘子果肉后，降温备用。
8. 加入打发的淡奶油，打成蜜柑橘慕斯馅。
9. 馅料倒入步骤5的模具内抹平，放入冰箱冻硬备用。
10. 将步骤9脱模装饰即可。

Delightful

白乳酪手指蛋糕

材料

慕斯馅：蛋黄、糖各 40 克，山梅、水各少许，白乳酪、淡奶油各 150 克，吉利丁 4 克

淋面：山梅果泥、糖各适量，吉利丁 5 克

其他：手指蛋糕、巧克力、黄桃、山梅各适量

制作指导

淋面酱倒入蛋糕面温度不要超过 38℃，否则容易将蛋糕慕斯馅融化掉。

做法

❶ 糖和水加热后冲入蛋黄中，拌至发白浓稠。

❷ 将白乳酪隔热水软化至无颗粒状。

❸ 将步骤1分次加入步骤2中，搅拌均匀。

❹ 在步骤3中加入冷冻山梅果粒拌匀。

❺ 加入融化的吉利丁拌匀，冷却至手温备用。

❻ 将步骤5加入打发的淡奶油中拌匀，即成慕斯馅。

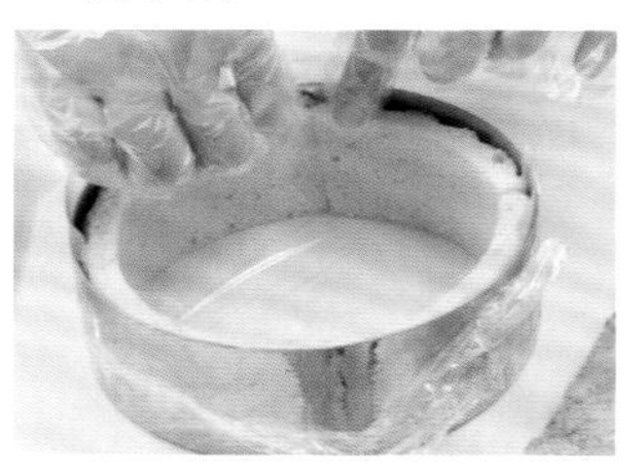

❼ 将模具封好保鲜膜，边上和底部围上手指蛋糕。

❽ 将馅料挤入模具内抹平，放入冰箱冻成型备用。

❾ 山梅果泥加糖煮开，加入吉利丁拌至融化。

❿ 降温后倒入蛋糕表面，再放入冰箱冻凝固备用。

⓫ 将冻好的蛋糕取出，用火枪加热模具边缘脱模。

⓬ 在蛋糕表面装饰巧克力和水果即可。

霹雳小老虎

材料

蛋糕体1个，香橙果膏30克，鲜奶油、黄色喷粉、软质巧克力膏各适量，草莓2颗，猕猴桃1片

做法

❶ 用鲜奶油抹出直角蛋糕，挤上香橙果膏，然后用抹刀将果膏抹平。

❷ 用牙嘴打上底边，用平口花嘴抖动拉弧形花边。

❸ 用圆嘴挤出老虎的身体和四肢。

❹ 用火枪将表面烧光滑。

❺ 用软质巧克力膏画出眼睛等细线条。

❻ 放上各种水果作为装饰，最后用黄色喷粉在底边喷上淡淡的黄色即可。

制作指导

用花嘴挤老虎的腮时要加宽，这样才会更加惟妙惟肖，注意挤的时候力度不要过大。

艾克力香蕉乳酪蛋糕

材料

香蕉蛋糕片:		蛋黄	25 克
杏仁粉	100 克	奶油芝士	135 克
糖粉	100 克	柠檬汁	2 毫升
鸡蛋	3 个	淡奶油	135 克
香蕉肉	100 克	吉利丁	3 克
蛋白	36 克	**其他:**	
糖	20 克	透明果膏	适量
融化奶油	40 克	巧克力片	8 片
芝士慕斯馅:		巧克力配件	适量
糖	35 克	芒果	半个
水	少许	香蕉片	8 片

做法

1. 鸡蛋、杏仁粉和糖粉打至浓稠，加入香蕉肉拌匀，再加入打发的蛋白霜。
2. 加入融化奶油拌匀后，倒入垫纸烤盘。
3. 放入预热至180℃的烤炉中，烤25分钟出炉即成香蕉蛋糕片，放凉备用。
4. 糖、水加热，加蛋黄打至浓稠；奶油芝士软化，加泡发的吉利丁拌融化后降温，加柠檬汁、打发的淡奶油拌成芝士慕斯馅。
5. 将芝士慕斯馅挤入模具中，中间加一片香蕉蛋糕片，挤上慕斯馅料，冻凝固后，将冻好的蛋糕用火枪加热模具边缘，脱模。
6. 在蛋糕表面抹上透明果膏，边缘贴上巧克力片，装饰水果和巧克力配件即可。

Happy Day

芒果乳酪蛋糕

材料

蛋糕体1个，乳酪125克，糖50克，吉利丁8克，淡奶油165克，君度酒5毫升，芒果泥150克，糖粉50克，巧克力配件适量，芒果1个

制作指导

表面要淋酱的蛋糕，馅料加入模具至八九分满即可，否则容易溢出。

做法

❶ 把乳酪隔热水搅拌至软化。

❷ 糖、芒果泥加热，加入泡软的吉利丁拌匀至融化。

❸ 分次加入步骤1中拌均匀，隔冰水降温至手温。

❹ 分次加入六成发的淡奶油，拌匀后再加君度酒拌匀。

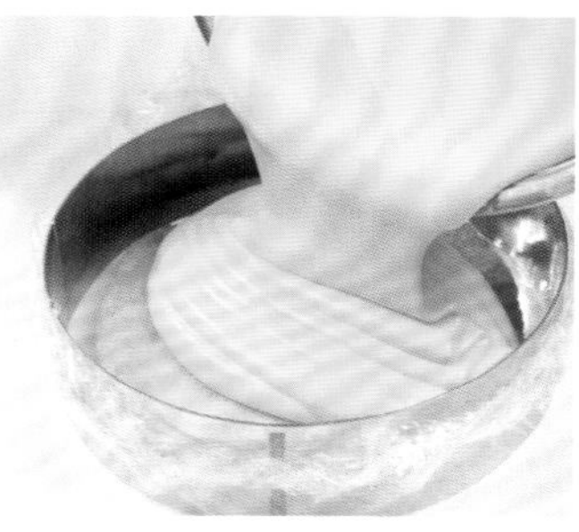

❺ 倒入加有蛋糕片的模具内至一半高，抹平。

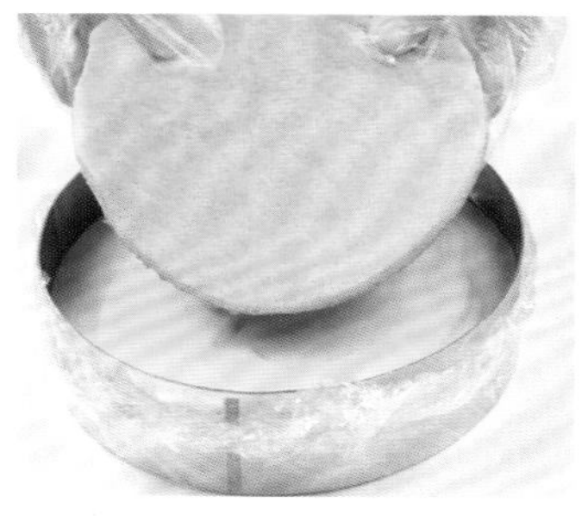

❻ 蛋糕体放中间，倒入剩余的馅料至八分满，冻硬备用。

❼ 把芒果泥、糖混在一起加热至糖溶，再加入吉利丁搅拌至完全融化。

❽ 把步骤6从冰箱取出，淋上冷却至手温的步骤7，用抹刀抹平，放入冰箱冷冻。

❾ 步骤8取出，用火枪脱模，摆上各式水果、巧克力配件装饰即可。

步步为营

材料

蛋糕体 1 个，鲜奶油 150 克，香橙果膏 30 克，草莓 2 颗，猕猴桃 2 片，透明果膏适量，巧克力配件适量

做法

❶ 用鲜奶油抹好一个直角蛋糕，用刮板向下90°、向外倾斜15° 压出一条边。

❷ 用抹刀收好高出的奶油。

❸ 用抹刀顺着边缘往下压，再向内圈刮出第二层，将中间的奶油抹成半圆形，顶部的奶油刮空，再装饰好边缘部分。

❹ 淋上香橙果膏，用多功能小铲压出花纹。

❺ 吸囊器用火枪加热后，在蛋糕上吸出圆形孔。

❻ 在蛋糕中间摆上水果，扫上透明果膏，用巧克力配件装饰即可。

制作指导

奶油要打得稍微硬点，切倒边的时候要注意角度。

城堡

材料

蛋糕体	1个	黑巧克力	4片
糖粉	30克	草莓	3颗
透明果膏	适量	芒果	半个
鲜奶油	200克	猕猴桃	3片
蓝莓果膏	适量		

做法

1. 用鲜奶油抹好一个直角蛋糕，用刮片把中间的奶油刮平。
2. 用三角刮片从上往下压，再用三角刮片从外往内压。
3. 用多功能的小铲从上往下压，再用刮片切出底部。
4. 用剪刀画出一个圈。
5. 用刮片刮空顶部内侧的奶油。
6. 在蛋糕中间淋上蓝莓果膏，撒上糖粉。
7. 在蛋糕中间摆上草莓、猕猴桃等新鲜水果，扫上透明果膏，装饰巧克力配件。

怪怪兔

材料

蛋糕体 1 个，镜面果胶适量，鲜奶油 100 克，蓝莓果膏适量，巧克力配件适量，黄巧克力 2 片，草莓 2 颗，火龙果球 1 个

做法

❶ 用巧克力泥捏出怪怪兔的身体和脚。

❷ 把做好的衣服和手粘上去，把做好的头粘上去，粘上耳朵，用火枪烧光滑。

❸ 用鲜奶油抹好直角蛋糕，淋上蓝莓果膏，把果膏抹平。

❹ 先用花嘴挤出底部花边，然后再用平口嘴在表面边上挤出花边。

❺ 把做好的怪怪兔放在蛋糕面上，摆上水果和巧克力配件。

❻ 扫上镜面果胶，在蛋糕边上贴上巧克力片做装饰即可。

制作指导

最后加巧克力片装饰的时候要记得摆均匀，不然会影响蛋糕整体的美观度。

蜜雷朵蛋糕

材料

蛋黄慕斯：		蛋白	27 克
淡奶油	150 克	麦芽糖	33 克
白巧克力碎	233 克	吉利丁	5 克
蛋黄	100 克	淡奶油	167 克
吉利丁	13 克	**其他：**	
淡奶油	187 克	蛋糕体	1 个
黑加仑慕斯：		巧克力配件	适量
黑加仑果泥	107 克	马卡龙	1 个
水	67 毫升	蓝莓	3 颗

做法

1. 淡奶油、蛋黄混合，隔热水拌至浓稠。
2. 加入白巧克力碎拌至融化。
3. 加入泡软的吉利丁，降温后加入淡奶油。
4. 慕斯馅倒入放有蛋糕的模具中，抹平冷冻。
5. 麦芽糖、水拌融，加入蛋白打至发泡。
6. 加入泡软的吉利丁拌至融化。
7. 加入黑加仑果泥拌匀，隔冰水降至35℃。
8. 步骤7分次入打发的淡奶油中，装裱花袋。
9. 将步骤8挤入冻好的步骤4中抹平，放入冰箱冻至凝固。
10. 用火枪加热模具侧边，脱模。
11. 放巧克力配件、马卡龙、蓝莓装饰即可。

香芒蛋糕

材料

水 33 毫升，草莓酱 73 克，蛋白、糖各 26 克，吉利丁 10 克，奶油 86 克，柠檬酒 3 毫升，芒果泥 40 克，鲜奶油 80 克，君度酒、巧克力配件、芒果、草莓、蛋糕片各适量

制作指导

蛋白要先搅拌至五成发呈滞状，然后加入热糖水快速搅拌至全发。

做法

❶ 草莓酱、5克吉利丁、柠檬酒隔热水搅拌均匀。

❷ 将步骤1隔冰水降至手温后，与奶油拌匀，备用。

❸ 适量糖和水加热，冲入13克五成发蛋白，入步骤2。

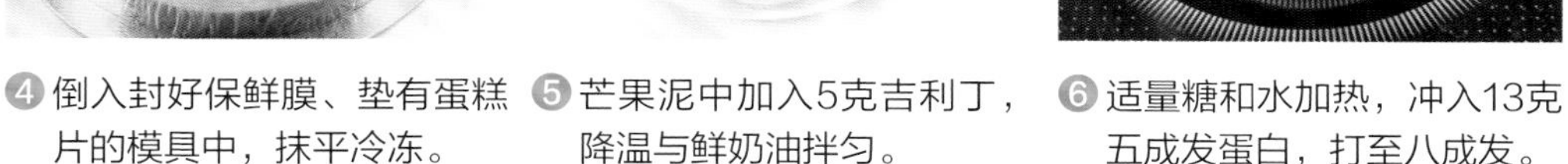

❹ 倒入封好保鲜膜、垫有蛋糕片的模具中，抹平冷冻。

❺ 芒果泥中加入5克吉利丁，降温与鲜奶油拌匀。

❻ 适量糖和水加热，冲入13克五成发蛋白，打至八成发。

❼ 与步骤5拌匀，加入君度酒拌匀即成芒果慕斯。

❽ 将芒果慕斯倒入步骤4上，抹平，放冰箱冻至凝固。

❾ 脱模，摆上水果，侧边贴上巧克力配件装饰即可。

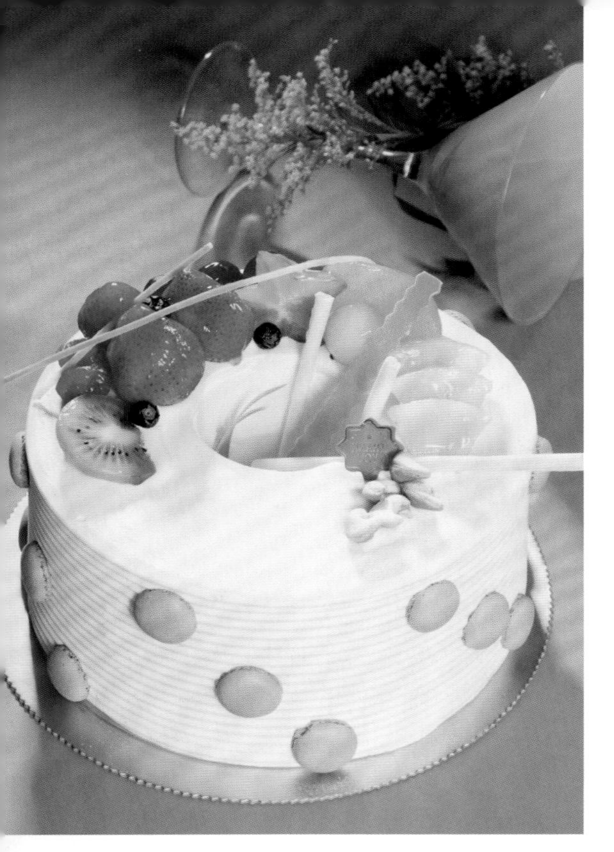

欧式草莓饼干蛋糕

材料

低筋面粉、土豆粉各125克，泡打粉10克，奶油、糖各250克，香草粉少许，鸡蛋4个，柠檬皮5克，鲜奶15毫升，鲜奶油、白巧克力各100克，马卡龙饼干、镜面果胶各适量，巧克力片200克，草莓2颗，猕猴桃2片

做法

1. 用低筋面粉、土豆粉、奶油、泡打粉、糖、香草粉、鸡蛋、柠檬皮、鲜奶做成蛋糕主体，放凉备用。
2. 鲜奶油抹好蛋糕，侧面摆上马卡龙饼干。
3. 在蛋糕面上摆上各种水果做装饰。
4. 最后在蛋糕上插上巧克力片，在水果上扫上镜面果胶即可。

制作指导

在蛋糕侧面贴饼干时要注意间隔，距离要适中均匀，这样整体效果才会美观。

欧式水果圆形蛋糕

材料

低筋面粉125克，土豆粉125克，泡打粉10克，奶油250克，糖250克，香草粉少许，鸡蛋4个，柠檬皮5克，鲜奶15毫升，鲜奶油100克，巧克力片、巧克力配件、镜面果胶各适量，草莓1个，猕猴桃2片，黄桃半个

做法

1. 用低筋面粉、土豆粉、奶油、泡打粉、糖、香草粉、鸡蛋、柠檬皮、鲜奶做成蛋糕主体，放凉备用。
2. 用鲜奶油抹好蛋糕，侧面贴巧克力片。
3. 在蛋糕面上摆上各种水果做装饰。
4. 水果面上扫上镜面果胶，然后摆上巧克力配件即可。

制作指导

注意摆巧克力配件时，速度尽可能快一点，否则巧克力会融化。

PART 3

高级入门篇

相信现在你的烘焙蛋糕的技能已经上升到一定程度了，本部分为你挑选的这些蛋糕品种，虽然较中级提升了一点难度，但只要你用心去做，一样能够做出来。快来试试看吧！

米奇老鼠

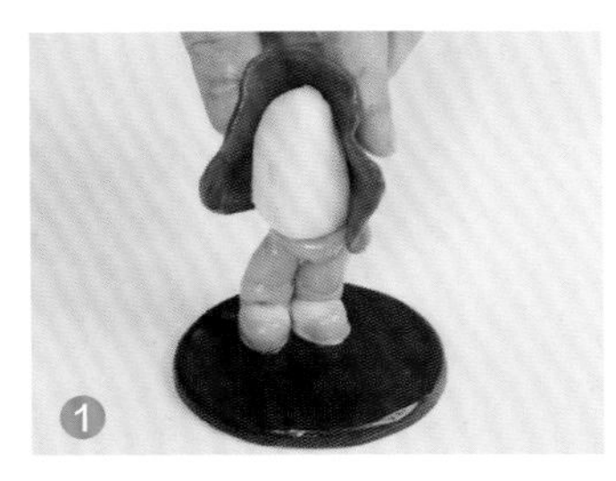

材料

蛋糕体1个，草莓6颗，芒果半个，花生碎30克，绿巧克力泥、银珠糖、鲜奶油、镜面果胶各适量，巧克力棒4根

做法

❶用巧克力泥捏好米老鼠的身体和脚。

❷做好衣服粘合上去，捏好手，用绿色的巧克力泥做装饰，摆上银珠糖。

❸做好米老鼠的头，把做好的帽子粘合上，用火枪烧光滑。

❹用鲜奶油抹好直角蛋糕，撒上花生碎，把做好的米老鼠放在蛋糕面上。

❺摆上各种水果和银珠糖。

❻摆上做好的巧克力配件，扫上镜面果胶即可。

制作指导

衣服要包上去之后再进行裁剪，这样效果会更加逼真。

活泼可爱的小熊猫

材料

低筋面粉	125 克	鲜奶	15 毫升
土豆粉	125 克	鲜奶油	适量
泡打粉	10 克	巧克力卷	2 个
奶油	250 克	中性果膏	适量
糖	250 克	镜面果胶	适量
香草粉	少许	草莓	4 颗
鸡蛋	4 个	芒果	半个
柠檬皮	5 克	葡萄	2 颗
巧克力泥	适量	蓝 莓	3 颗

做法

1. 用低筋面粉、奶油、土豆粉、泡打粉、糖、香草粉、鸡蛋、柠檬皮、鲜奶做成蛋糕主体。
2. 用巧克力泥捏出小熊猫的肩膀和肚子，粘合上手，做上头、耳朵和眼睛。
3. 用鲜奶油抹好直角蛋糕，淋上中性果膏。
4. 用花嘴挤出花边，把做好的小熊猫放在蛋糕面上，摆上各种水果。
5. 摆上巧克力配件，扫上镜面果胶即可。

制作指导

注意小熊猫身体相连的地方收口、接口都要用工具抹平。

美味おかし。

天天向上

材料

蛋糕体 1 个，鲜奶油、哈密瓜果膏、透明果膏、巧克力配件各适量，草莓 3 颗，黄桃半个

制作指导

挤果膏时不要挤太多，否则容易往下流，影响下面的层次。

做法

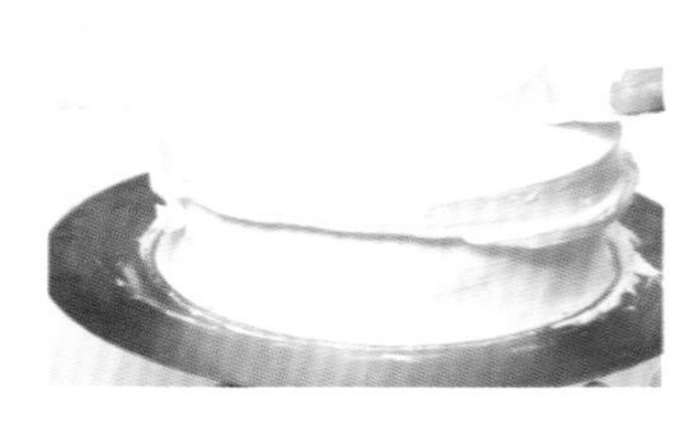

① 用鲜奶油抹好一个直角蛋糕，用刮板平压。

② 用刮板压出两条边，再从顶部压出一条边。

③ 蛋糕边缘淋上哈密瓜果膏。

④ 顶部从内向外吹出小弧度。

⑤ 再从外向里吹。

⑥ 用抹刀压出一条边。

⑦ 用刮片刮出多余的奶油。

⑧ 用勺子从下往上压。

⑨ 蛋糕中间淋哈密瓜果膏。

⑩ 在蛋糕中间摆上草莓等新鲜水果。

⑪ 在水果上扫上透明果膏。

⑫ 装饰巧克力配件即可。

可爱的哆啦A梦

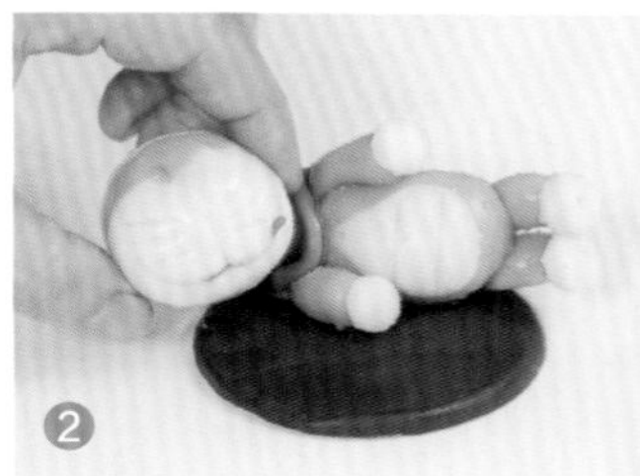

材料

蛋糕体1个，巧克力泥、镜面果胶、鲜奶油、蓝莓果膏各适量，白巧克力球10个，花生碎30克，草莓12颗，芒果1个

做法

❶ 用巧克力泥捏好哆啦A梦的身体和脚。
❷ 粘合上手和头，做好项圈，搓一个圆再描出五官。
❸ 粘上眼睛和铃铛，贴上红鼻子。
❹ 用鲜奶油抹好直角蛋糕，淋上蓝莓果膏，撒上花生碎，把果膏抹平。
❺ 把做好的哆啦A梦放在平面上。
❻ 摆上水果和巧克力球做装饰，扫上镜面果胶即可。

制作指导

哆啦A梦的蓝白两种颜色需要分辨出来。

欢快的跳跳虎

材料

低筋面粉	125克	鲜奶	15毫升
土豆粉	125克	镜面果胶	适量
泡打粉	10克	巧克力果膏	适量
奶油	250克	鲜奶油	200克
糖	250克	巧克力配件	适量
香草粉	少许	草莓	2颗
鸡蛋	4个	芒果	半个
柠檬皮	5克	蓝莓	6颗
巧克力泥	适量		

做法

❶ 用低筋面粉、土豆粉、奶油、泡打粉、糖、香草粉、鸡蛋、柠檬皮、鲜奶做成蛋糕主体。

❷ 用巧克力泥捏出老虎的头、耳朵和身体，并进行粘合，点缀上眼睛，粘上尾巴，再用火枪烧光滑。

❸ 用鲜奶油抹好直角蛋糕，淋上巧克力果膏，把果膏抹平，挤上花边。

❹ 把做好的老虎放在蛋糕上。

❺ 用花嘴在蛋糕面上做花边。

❻ 放水果、巧克力配件，扫镜面果胶即可。

咖啡香草蛋糕

材料

慕斯：鲜奶油 98 克，糖 10 克，淡奶油 180 克，吉利丁 2 克，白巧克力碎、香草精各适量
酱：白巧克力碎 90 克，咖啡、淡奶油各 17 克
其他：镜面果胶、马卡龙、巧克力配件各适量

制作指导

白巧克力融化的温度不能太高，保持60℃左右即可。

做法

❶ 鲜奶油、糖、香草精混合拌匀，再加热至糖溶化。

❷ 加入白巧克力碎，拌至完全融化。

❸ 加入吉利丁拌至融化，再隔冰水降温至35℃。

❹ 将步骤3加入打发的淡奶油中拌匀。

❺ 倒入放有蛋糕片的模具中抹平，放入冰箱冷冻。

❻ 淡奶油、白巧克力碎混合，隔热水拌至融化。

❼ 加入镜面果胶拌匀。

❽ 加入咖啡拌匀，放凉备用。

❾ 然后用火枪加热模具侧边，脱模。

❿ 淋上咖啡香草酱，压出边后抹平。

⓫ 在蛋糕上放巧克力配件。

⓬ 最后在侧边贴上巧克力片、马卡龙装饰即可。

加菲猫的乐园

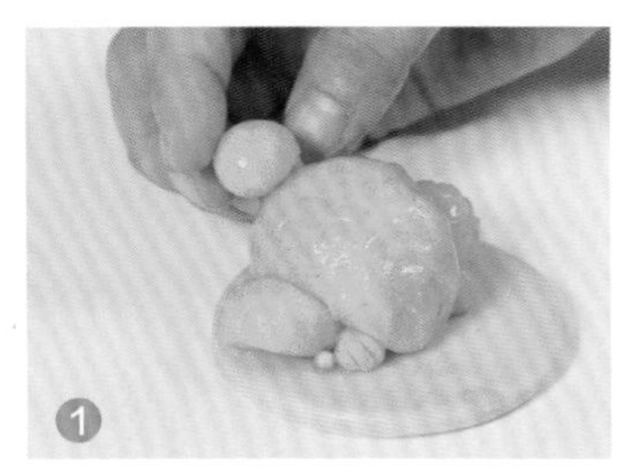
1

2

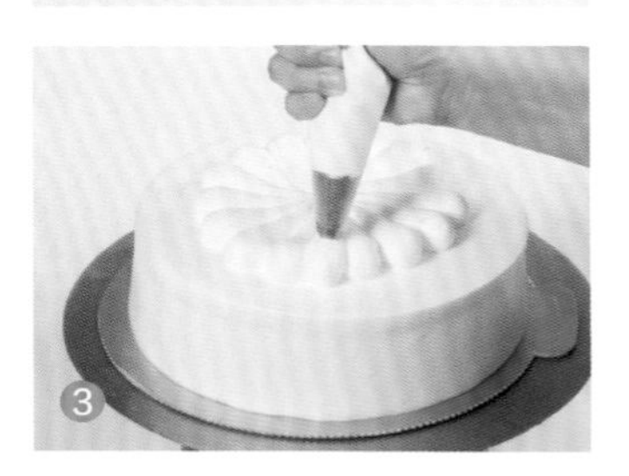
3

4

5

6

材料

蛋糕体 1 个，镜面果胶、鲜奶油各适量，巧克力配件适量，草莓 3 颗，黄桃半个

做法

❶ 用巧克力泥捏出加菲猫的身体、尾巴和脚。
❷ 粘合上前腿、头、眼睛、胡须和鼻子，用火枪烧光滑。
❸ 用鲜奶油抹好直角蛋糕，用圆嘴挤出花边，再用叶嘴在底部挤出花边。
❹ 把做好的加菲猫放在蛋糕上，摆上水果。
❺ 摆上巧克力配件。
❻ 扫上镜面果胶即可。

制作指导

捏加菲猫的胡须时要做到两头小中间大，加菲猫的眼睛要做大点。

西番莲巧克力蛋糕

材料

巧克力慕斯馅：

苦甜巧克力	50 克
无盐奶油	48 克
蛋黄	25 克
蛋白	45 克
水	少许
糖	45 克

西番莲慕斯馅：

淡奶油	50 克
蛋黄	40 克
糖	15 克
吉利丁	4 克
西番莲泥	65 克
蛋白	50 克
糖	50 克
水	少许

其他：

蛋糕体	1 个
透明果膏	适量
巧克力配件	适量
红毛丹	1 个

做法

1. 苦甜巧克力和无盐奶油融化后加入蛋黄隔热水搅拌，降温至38℃左右备用。
2. 将糖、水加热后冲入五成发的蛋白中，拌至全发成意大利蛋白霜。
3. 步骤1和2拌匀即成巧克力慕斯馅。
4. 倒入垫有蛋糕片的模具中，抹平冷冻。
5. 将蛋黄、糖、淡奶油和西番莲泥拌匀后，隔热水搅拌至浓稠，加入吉利丁后降温。
6. 糖、水加热，冲入五成发蛋白拌至全发。
7. 步骤5和6拌匀即成西番莲慕斯馅。
8. 倒入步骤4上抹平，放入冰箱冻凝固备用。
9. 脱模，扫上透明果膏，摆上巧克力配件和水果装饰即可。

夏日风情

材料

蛋糕体 1 个，鲜奶油、蓝莓果膏、草莓、透明果膏、巧克力配件、黄色喷粉、草莓各适量

制作指导

压边时注意大小要一样，切割侧边手要定稳再慢慢切进。

做法

❶ 鲜奶油抹好直角蛋糕，用小铲从中间往外向下压。

❷ 用剪刀往里压出缺口。

❸ 用抹刀挖出一条边。

❹ 用刮板刮出一条边。

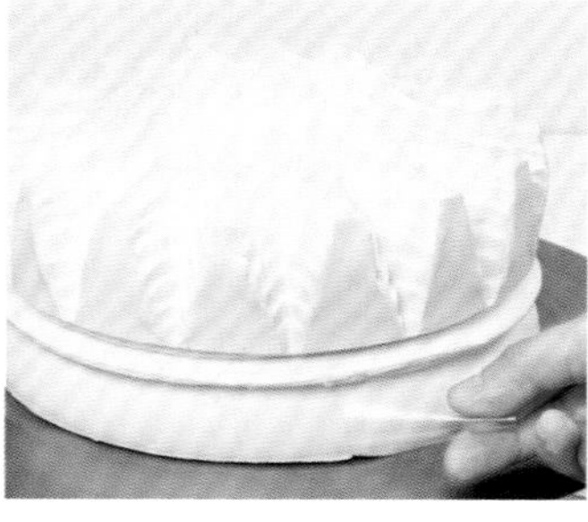

❺ 用刮片刮光滑底下面的奶油备用。

❻ 蛋糕中间淋上蓝莓果膏。

❼ 喷上黄色喷粉。

❽ 在蛋糕中间摆上草莓等新鲜水果。

❾ 在水果上面扫上透明果膏，装饰巧克力配件即可。

小猪胖胖

材料

蛋糕体1个，香橙果膏、鲜奶油、黄色喷粉、软质巧克力果膏、巧克力配件、透明果膏各适量，草莓4颗，猕猴桃半个

做法

❶ 在用鲜奶油抹好的直角蛋糕上挤香橙果膏，用抹刀将果膏抹平。

❷ 用牙嘴抖动挤出弧形花边，再用圆嘴挤出小猪的身体。

❸ 用纸包挤出头部的轮廓，用火枪将表面烧光滑。

❹ 用黄色喷粉喷上颜色。

❺ 用软质巧克力果膏画上眼睛等细线条。

❻ 放上各种水果和巧克力配件，扫上透明果膏即可。

制作指导

猪的鼻子向上提，再停顿一下打个点即可。

朗姆板栗蛋糕

材料

板栗馅	150 克	蛋糕体	1 个
淡奶油	100 克	水	少许
吉利丁	7 克	板栗泥	适量
朗姆酒	12 毫升	糖炒板栗	4 颗
蛋白	100 克	杏仁	30 克
糖	50 克		

做法

1. 板栗馅、淡奶油一起加热拌匀。
2. 加入泡软的吉利丁拌至融化，降温至38℃。
3. 加入朗姆酒拌匀。
4. 糖、水一起加热，冲入五成发的蛋白，快速打至八成发，即成意大利蛋白霜。
5. 蛋白霜加入步骤3中拌匀，装入裱花袋。
6. 模具用保鲜膜封好，放入巧克力蛋糕片。
7. 将步骤5的一半挤入模具中，抹平。
8. 再放一片蛋糕片，挤入步骤5剩下的材料，抹平，放入冰箱冻至凝固。
9. 脱模，挤上板栗泥，摆上糖炒板栗，侧边贴上杏仁装饰即可。

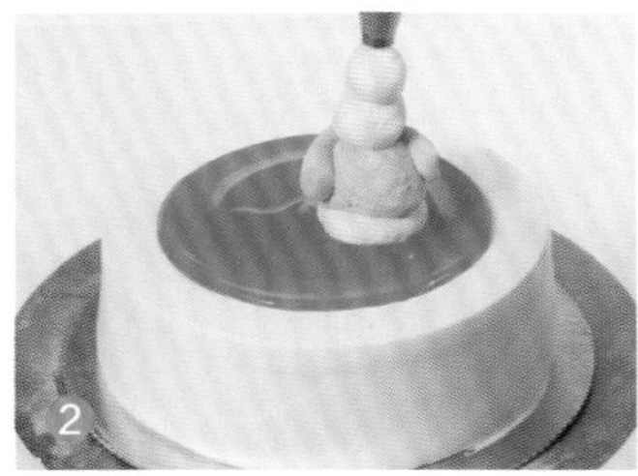

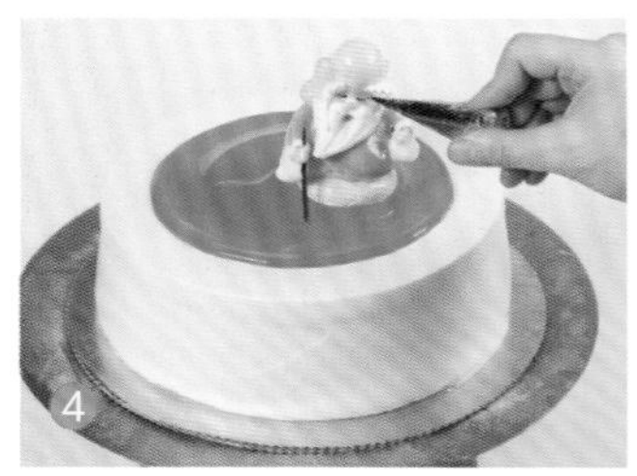

寿比南山

材料

蛋糕体 1 个，草莓果膏、鲜奶油、软质巧克力果膏、透明果膏各适量，草莓 8 颗，巧克力配件适量，猕猴桃半个，干果适量

做法

1. 在用鲜奶油抹好的直角蛋糕上挤上草莓果膏，用抹刀将果膏抹平。
2. 用不同颜色的圆嘴挤出老人的身体和头部。
3. 用火枪将表面烧光滑。
4. 用白色奶油拉出胡须和眉毛。
5. 用软质巧克力果膏画出眼睛等细线条，用巧克力配件贴在蛋糕侧面作为装饰。
6. 放上水果、干果，扫上透明果膏即可。

制作指导

寿星公的头上要先打一个圆点，再在圆点的顶部打一个突起的额头，他的耳朵要长一点。

杏仁巧克力蛋糕

材料

杏仁奶油馅：

无盐奶油	130 克
杏仁膏	130 克
樱桃酒	20 毫升
牛奶	100 毫升
糖	25 克
蛋黄	25 克
香草粉	少许
玉米淀粉	8 克

巧克力奶油馅：

奶油	75 克
蛋黄	1 个
糖	25 克
牛奶	50 毫升
巧克力碎	30 克
朗姆酒	8 毫升

其他：

蛋糕体	1 个
草莓	4 颗
马卡龙	4 个

做法

1. 无盐奶油、杏仁膏拌匀，再加入樱桃酒。
2. 把牛奶、糖、蛋黄、香草粉、玉米淀粉倒在一起，隔热水边搅拌边加热至浓稠。
3. 步骤1和2完全拌匀后，装入裱花袋。
4. 挤入垫有蛋糕体的模具内，表面放一块蛋糕体，放入冰箱冷冻。
5. 把蛋黄、糖、牛奶隔热水搅拌至浓稠，加入巧克力碎，拌至完全融化。
6. 加入奶油，融化再入朗姆酒拌匀，装入裱花袋，挤入步骤4中，抹平，入冰箱冷冻。
7. 脱模，在表面挤上奶油，放上马卡龙和水果装饰即可。

悠闲的小狗

材料

蛋糕体 1 个，天蓝色果膏、巧克力色奶油、糖粉、巧克力配件、透明果膏、鲜奶油、草莓、黄桃、猕猴桃、黄色喷粉各适量

制作指导

用小木棍在小狗头部由下往上挖一个眼眶，点一个小圆点就做好了眼珠。

做法

❶ 在用鲜奶油抹好的直角蛋糕上，挤上天蓝色果膏。

❷ 用抹刀将果膏抹平。

❸ 用大圆嘴挤上花边。

❹ 用圆嘴挤出大鼻狗的身体和四肢。

❺ 用巧克力色奶油挤出狗的鼻子和耳朵，再挤上狗圈。

❻ 用火枪将表面烧光滑。

❼ 用小筛子撒上糖粉。

❽ 用黄色喷粉喷上颜色。

❾ 放上各种水果和巧克力配件装饰，扫上透明果膏即可。

宠物宝宝

材料

蛋糕体 1 个，鲜奶油、巧克力配件、巧克力泥各适量，蓝色巧克力字母 1 个，草莓、马卡龙各适量，黄桃半个

做法

❶用巧克力泥捏好企鹅的身体、头、脚、围巾。

❷粘合企鹅的手，做上眼睛、嘴巴、鼻子，用蓝色巧克力泥做成字母“e”做装饰，用火枪烧光滑。

❸在用鲜奶油抹好的直角蛋糕上放上一片巧克力。

❹用平嘴在蛋糕侧面打出花边。

❺把做好的企鹅放在蛋糕上。

❻摆上各种水果，放好马卡龙，装饰巧克力配件即可。

制作指导

先把企鹅的嘴巴捏扁，再用工具压，如果直接用手的话，不容易造型，所以最好选用工具。

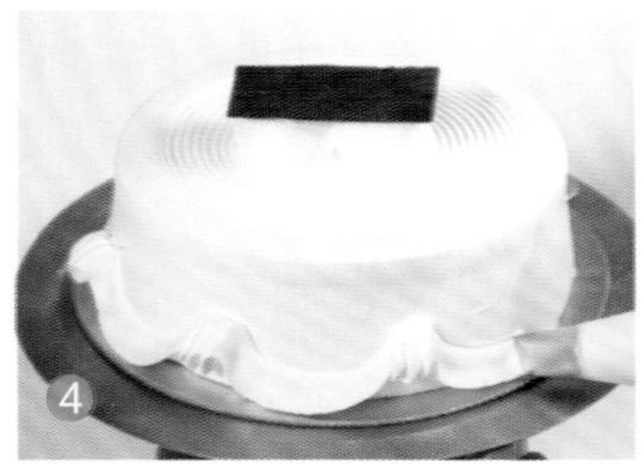

巧克力大理石蛋糕

材料

蛋糕底：

无盐奶油	150 克
糖粉	105 克
低筋面粉	267 克
鸡蛋	1 个
盐	2 克
玉米淀粉	60 克
泡打粉	3 克

蛋糕体：

奶油芝士	240 克
酸奶	60 毫升
鸡蛋	1 个
塔塔粉	适量
盐	0.5 克
玉米淀粉	1克
蛋白	75 克
糖	65 克
可可粉	20 克
朗姆酒	25 毫升

其他：

透明果膏	适量
草莓	1 颗
杏仁	1 颗

做法

1. 将无盐奶油与糖粉拌至糖粉完全溶入无盐奶油中，再分次加入鸡蛋。
2. 玉米淀粉、泡打粉、盐、低筋面粉加入步骤1拌匀。
3. 揉成团，用保鲜膜包住，冻2个小时备用。
4. 擀开，用圆模具印出圆形片，用叉子叉洞，以180℃烤12分钟左右出炉。
5. 适量糖、软化的奶油芝士、鸡蛋拌匀。
6. 加入玉米粉、酸奶拌匀，将剩余的糖和塔塔粉加入粗泡蛋白打至湿性发泡。
7. 步骤5和步骤6拌匀，加可可粉、朗姆酒。
8. 倒入放有蛋糕体的模具中，入烤箱烤熟。
9. 脱模，扫透明果膏，摆上水果装饰即可。

爆发的力量

材料

蛋糕体 1 个，鲜奶油、天蓝色果膏、蓝莓果膏、透明果膏、巧克力配件各适量，草莓 6 颗，猕猴桃半个

做法

❶ 用鲜奶油抹好一个直角蛋糕，抹刀顺着边缘往下压，用抹刀再压出一条边。

❷ 淋上蓝莓果膏，用抹刀将上面的边往下压，再压出一条边，两条边封回来。

❸ 用刮片刮光滑，用三角刮板刮出花纹，用挖球器向内刮。

❹ 用加热后的吸囊从侧面吸出圆形孔。

❺ 在每个圆形孔内挤上蓝莓果膏，然后在蛋糕顶部淋上天蓝色果膏。

❻ 中间摆上各种新鲜水果，在水果上扫透明果膏，装饰巧克力配件即可。

制作指导

果膏不要抹得太多，否则会有苦味。

快乐喜羊羊

材料

低筋面粉	125克	巧克力泥	适量
土豆粉	125克	镜面果胶	适量
泡打粉	10克	鲜奶油	适量
奶油	250克	巧克力配件	适量
糖	250克	哈密瓜果膏	适量
香草粉	少许	草莓	4颗
鸡蛋	4个	猕猴桃	2片
柠檬皮	5克	巧克力玫瑰花	2朵
鲜奶	15毫升	巧克力叶子	2个

做法

❶用低筋面粉、土豆粉、泡打粉、奶油、糖、香草粉、鸡蛋、柠檬皮、鲜奶做成蛋糕主体。

❷用巧克力泥搓好身体和脚，用白巧克力泥搓成小圆点粘在喜羊羊身体上，然后再粘上手。

❸搓一个点，在面上做出它的五官和羊毛。

❹做上羊角，用火枪烧光滑。

❺鲜奶油抹好直角蛋糕，淋上哈密瓜果膏。

❻把果膏抹平，粘上巧克力配件。

❼把喜羊羊、玫瑰花、叶子放在蛋糕平面上。

❽摆上水果，扫上镜面果胶即可。

百香果芝士

材料

饼干屑 90 克，糖 75 克，奶油 40 克，奶油芝士 300 克，酸奶 15 毫升，鸡蛋 3 个，柠檬汁 10 毫升，玉米淀粉 10 克，百香果泥 30 克，草莓 6 颗，黄桃半个

制作指导

蛋糕在烘烤过程中先以 200℃烤至上色，再降至 150℃烤至熟。

做法

❶ 奶油和适量糖倒入饼干屑中拌匀倒入模具，冷冻。

❷ 将奶油芝士隔热水软化。

❸ 加入剩余的糖拌至糖溶，再加入酸奶拌匀。

❹ 分次加入鸡蛋拌匀。

❺ 加入玉米淀粉拌匀。

❻ 加入柠檬汁拌匀。

❼ 取少量面糊加入百香果泥拌匀。

❽ 将其余面糊倒入步骤1的模具中。

❾ 将步骤7倒入步骤8中，用竹签划出纹路。

❿ 入烤炉以200℃隔水烤熟。

⓫ 出炉，冷却后脱模即可。

⓬ 放各种水果装饰即可。

诺曼底之恋

材料

蛋糕体 1 个，巧克力泥、镜面果胶、鲜奶油、白巧克力片、巧克力配件各适量，草莓 2 颗，芒果半个

做法

❶ 用巧克力泥捏好女孩的身体和裙子，再捏男孩的脚。

❷ 粘上他们的衣袖，放上一颗红心。

❸ 做出他们的手和男孩的头，粘合上去，做上女孩的头，再将细头发粘上去，用火枪烧光滑。

❹ 用鲜奶油抹好直角蛋糕，在边上贴上巧克力片，用缺口嘴挤上花边。

❺ 把做好的情侣放在蛋糕面上。

❻ 摆上水果和巧克力配件，扫上镜面果胶即可。

制作指导

做人物的头时，在头中间用工具先滚出一条凹痕，这样做出来的人物更加惟妙惟肖。

法兰西之恋

材料

低筋面粉	125克	鲜奶	15 毫升
土豆粉	125 克	透明果膏	适量
泡打粉	10 克	鲜奶油	适量
奶油	250 克	巧克力配件	适量
糖	250 克	草莓果膏	适量
香草粉	少许	草莓	2 颗
鸡蛋	4 个	芒果	半个
柠檬皮	5 克	猕猴桃	1 片

做法

1. 用低筋面粉、奶油、土豆粉、泡打粉、糖、香草粉、鸡蛋、柠檬皮、鲜奶做成蛋糕主体。
2. 用巧克力泥做出KITTY猫的身体和手，做上它们的耳朵和衣领。
3. 做出头部、眼睛和鼻子，做上帽子。
4. 用火枪烧光滑。
5. 在鲜奶油直角蛋糕面上淋上草莓果膏。
6. 用抹刀抹光滑，表面和底部挤出花边。
7. 把做好的KITTY猫摆放在蛋糕上。
8. 摆上各种水果和巧克力配件。
9. 在水果上扫上透明果膏即可。

彩虹柳橙蛋糕

材料

水 65 毫升，糖 138 克，橙皮丝适量，蛋黄 3 个，橙汁 165 毫升，蛋白 38 克，打发淡奶油 165 克，君度酒 10 毫升，蛋糕体 1 个，吉利丁、巧克力配件、柳橙片各适量

制作指导

橙子要切成厚薄一致的片，再加 1 ：1 的糖水煮过晾干备用。

做法

❶把适量糖和水加热后，冲入蛋黄，快速拌至浓稠。

❷加入橙汁、橙皮丝拌匀。

❸剩余糖、水加热，冲入五成发蛋白，打至八成发。

❹加入打发的淡奶油中搅拌均匀。

❺将步骤2加入步骤4中完全拌匀。

❻加入吉利丁、君度酒拌匀，装裱花袋备用。

❼模具底部放蛋糕片，内侧放柳橙片。

❽将步骤6挤入模具中，抹平，放入冰箱冻凝固。

❾橙汁、糖混合拌匀，加热至糖溶。

❿加泡软的吉利丁，拌至融化，再隔冰水降至35℃。

⓫步骤10倒入冻好的步骤8中，放入冰箱冻至凝固。

⓬脱模，放柳橙片、巧克力配件装饰即可。

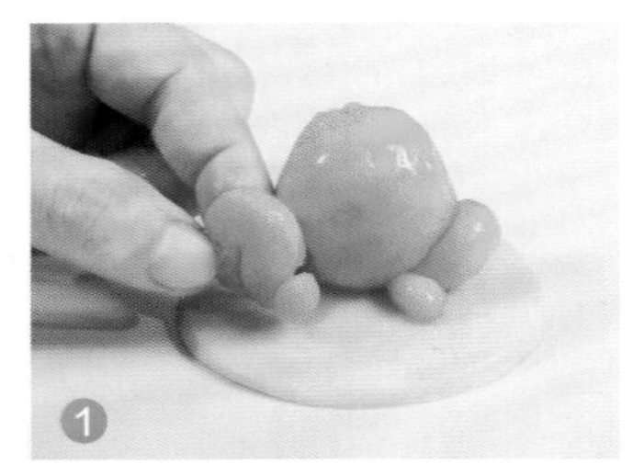

天使之恋

材料

蛋糕体1个，鲜奶油、白巧克力果膏、黑巧克力果膏、镜面果胶、巧克力泥、巧克力配件各适量，巧克力花3朵，草莓3颗，黄桃半个

做法

❶ 用巧克力泥捏出天使的身体和脚。

❷ 粘合上手和脖子，贴上围巾、头、头发，贴上翅膀和眼睛，用火枪烧光滑。

❸ 用鲜奶油抹好直角蛋糕体，分别挤上黑、白巧克力果膏，用抹刀抹平，用花嘴挤出底边的花边。

❹ 分别在两边放上捏好的公仔和玫瑰花。

❺ 摆上水果装饰，扫上镜面果胶。

❻ 将做好的巧克力配件放上去做装饰即可。

制作指导

天使的翅膀贴在后背稍微往上的地方，并向两边开。

难忘圣诞节

材料

低筋面粉	125克	巧克力泥	适量
土豆粉	125克	鲜奶	15毫升
泡打粉	10克	镜面果胶	适量
奶油	250克	鲜奶油	200克
糖	250克	巧克力配件	适量
香草粉	少许	香橙果膏	适量
鸡蛋	4个	草莓	4颗
柠檬皮	5克	猕猴桃	半个

做法

❶ 用低筋面粉、奶油、土豆粉、泡打粉、糖、香草粉、鸡蛋、柠檬皮、鲜奶做成蛋糕主体。
❷ 用巧克力泥捏圣诞老人的身体和脚，捏雪人的身体。
❸ 然后捏出圣诞老人的头和雪人的头、手，再做出他们的五官。
❹ 捏出圣诞树，用火枪烧光滑。
❺ 用鲜奶油抹好直角蛋糕，淋上香橙果膏。
❻ 抹平，挤出花边。
❼ 把做好的圣诞老人放上去。
❽ 摆上水果和巧克力配件。
❾ 用镜面果胶扫光滑即可。

HAPPY
happiness

法式烤芝士

材料

消化饼干屑100克，牛油100克，牛奶275毫升，芝士225克，蛋黄25克，低筋面粉25克，玉米淀粉20克，蛋白200克，糖120克，巧克力配件、草莓、核桃各适量

制作指导

芝士和牛油要先打发至软化再融合。

做法

❶ 将融化的部分牛油和饼干屑混合拌匀。

❷ 倒入垫有油纸的模具中，压平，入冰箱冻至凝固。

❸ 将牛奶加入软化的芝士和牛油中拌匀。

❹ 加入蛋黄拌匀。

❺ 加入过筛好的玉米淀粉、低筋面粉拌匀。

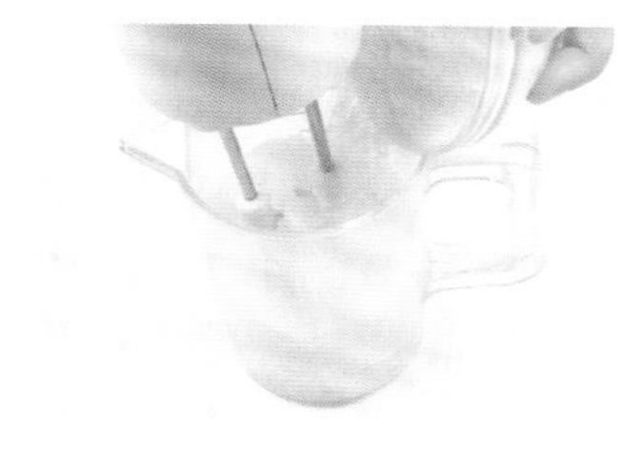

❻ 蛋白打至粗泡，分次加入糖，快速打至湿性发泡。

❼ 将蛋白霜分次加入步骤5中拌匀。

❽ 将步骤7倒入步骤2中至八分满。

❾ 放入烤炉，以200℃隔水烤50分钟。

❿ 出炉，冷却后脱模即可。

⓫ 表面摆草莓、核桃装饰。

⓬ 放上巧克力配件即可。

聪明的史努比

材料

蛋糕体1个，巧克力泥、镜面果胶、鲜奶油、软质巧克力膏、巧克力配件、柠檬果膏各适量，草莓7颗，马卡龙1个

做法

❶ 用巧克力泥捏好狗的身体和脚。

❷ 做上脖子、围裙、手、头、耳朵。

❸ 用软质巧克力膏画出狗的眉毛、眼睛、耳朵，再用火枪将其烧光滑。

❹ 用鲜奶油抹好直角蛋糕，淋上柠檬果膏并抹平；用缺口嘴在表面、底部边上挤上花边。

❺ 将做好的狗放在蛋糕面上。

❻ 摆上水果和巧克力配件，扫上镜面果胶即可。

制作指导

先捏好肉色的耳朵，再贴黑色的耳朵。

草莓小曲蛋糕

材料

慕斯奶油馅：

牛奶	200 毫升
蛋黄	2 个
糖	50 克
低筋面粉	20 克
香草粉	5 克
无盐奶油	150克
草莓颗粒	适量

酒糖液：

糖	50 克
水	150 毫升
樱桃酒	25 毫升

其他：

原味蛋糕体	1 个
巧克力配件	适量
草莓	200 克

做法

1. 制作酒糖液时，糖、水需先加热煮沸，再放凉。
2. 加入樱桃酒拌匀，待用。
3. 制作奶油馅时，将牛奶、蛋黄、糖、低筋面粉、香草粉混合拌匀，隔水煮至浓稠。
4. 加入无盐奶油中拌匀，装入裱花袋备用。
5. 把蛋糕置模具内，刷上酒糖液，挤入1/3的奶油馅，将草莓成排放入奶油馅上。
6. 再挤入剩余的奶油馅，抹平。
7. 放蛋糕片，放入冰箱冻至凝固。
8. 用火枪加热模具侧边，脱模。
9. 在蛋糕上摆放水果、巧克力配件即可。

欧式草莓花篮蛋糕

材料

蛋糕体1个，蓝莓30克，糖粉10克，镜面果膏、鲜奶油、黑巧克力各适量，草莓200克

做法

❶用鲜奶油抹好一个直角蛋糕，侧面围上条纹巧克力片。
❷蛋糕面摆满草莓。
❸草莓之间的空隙放一些蓝莓等装饰。
❹把做好的“桶柄”用巧克力粘合上去。
❺水果面扫上镜面果膏。
❻撒上防潮糖粉即可。

制作指导

最好用大小差不多的草莓，放绿叶时不要放太多，也可以根据个人喜好来选择其他水果进行设计。

薄荷萝芙岚蛋糕

材料

薄荷馅：	
糖	25 克
蛋黄	25 克
牛奶	100 毫升
薄荷叶	8 克
吉利丁	3 克
薄荷酒	5 毫升
打发淡奶油	100 克
萝芙岚馅：	
蛋黄	25 克
糖	35 克
水	少许
吉利丁	4 克
乳酪	100 克
打发淡奶油	120 克
其他：	
蛋糕体	1 个
巧克力片	适量
巧克力配件	适量
草莓	3 颗

做法

1. 牛奶、薄荷叶加热，再焖10分钟过筛，加入糖、蛋黄拌匀，再隔水煮至浓稠。
2. 加入吉利丁拌至融化，再隔冰水降温。
3. 加入打发的淡奶油中，加入薄荷酒拌匀。
4. 倒入放有蛋糕体的模具内，冷冻凝固。
5. 糖、水煮至120℃，冲入蛋黄中，快速打至发白浓稠后加入乳酪。
6. 加入泡软的吉利丁拌至融化，再隔冰水降至35℃，加入打发的淡奶油中拌匀。
7. 将步骤6倒入冻好的步骤4中，抹平，放入冰箱冻至凝固。
8. 脱模，在蛋糕侧边贴上巧克力片，装饰草莓、巧克力配件即可。

PROFESSIONAL
Happy Day

黛希慕斯蛋糕

材料

馅：草莓果泥、奶油各 100 克，草莓果肉、柠檬汁各适量，吉利丁 5 克，蛋白、糖各 40 克

面：草莓果泥、草莓果肉、柠檬汁、糖各适量

其他：蛋糕体 1 个，草莓、巧克力配件各适量

制作指导

鲜草莓可用糖和君度酒腌制 2 小时备用。

做法

❶ 草莓果泥和泡软的吉利丁一起隔热水拌至融化。

❷ 加入草莓果肉拌匀，再隔冰水降温至38℃。

❸ 加入柠檬汁拌匀。

❹ 糖加少许水煮至120℃。

❺ 蛋白打至粗泡，冲入糖水中，快速打至八成发。

❻ 将步骤5加入打发的奶油中拌匀。

❼ 加入步骤3拌匀，装入裱花袋中备用。

❽ 用保鲜膜封住模具底，放入一片原味蛋糕体。

❾ 将步骤7挤入模具内，抹平，放入冰箱冻至凝固。

❿ 草莓果泥、糖、吉利丁、草莓果肉、柠檬汁加热。

⓫ 步骤10倒入冻好的步骤9中，放入冰箱冻至凝固。

⓬ 脱模，侧边贴巧克力片，放上水果等装饰即可。

浪花朵朵

材料

蛋糕体1个，鲜奶油、柠檬果膏、透明果膏、巧克力配件各适量，草莓 8 颗，芒果 1 个

做法

❶ 用鲜奶油将蛋糕体抹出直角坯后，挤出柠檬果膏，用抹刀抹平。

❷ 用抹刀放平往下压去，每个间隔要一样。

❸ 再用吸囊对着中间吸出一个洞来。

❹ 然后用挖球器对着缺口往上推去。

❺ 放上水果，扫上透明果膏。

❻ 放上巧克力配件即可。

制作指导

注意果膏不要太多，因为过多的果膏会发涩，从而影响蛋糕的口感。

1

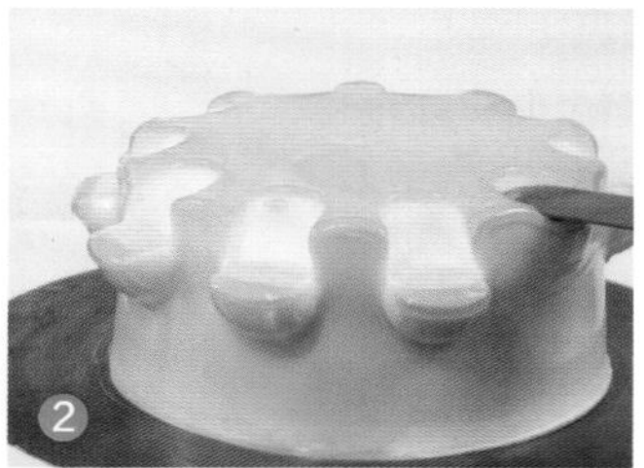

2

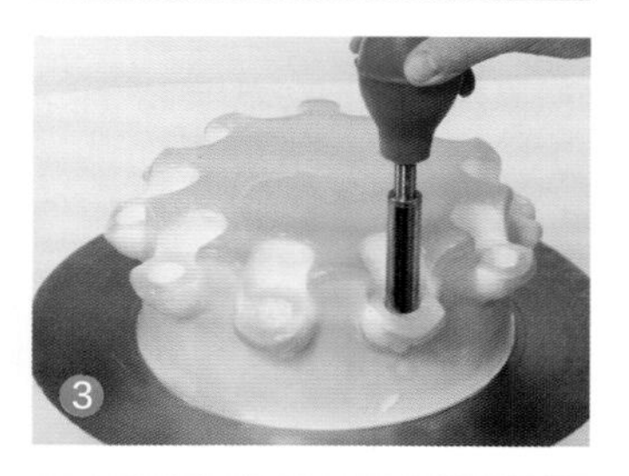

3

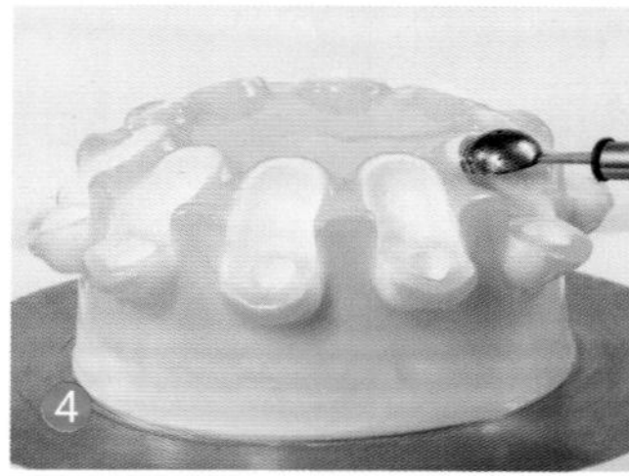

4

5

6

牵手

材料

低筋面粉	125克	柠檬皮	5克
土豆粉	125克	鲜奶	15毫升
泡打粉	10克	鲜奶油	适量
奶油	250克	巧克力配件	适量
糖	250克	草莓	4颗
香草粉	少许	芒果	1个
鸡蛋	4个		

做法

❶ 用低筋面粉、土豆粉、奶油、泡打粉、糖、香草粉、鸡蛋、柠檬皮、鲜奶做成蛋糕主体，放凉备用。

❷ 在干净的托盘里放上奶油，用带齿的刮板刮出花纹。

❸ 用勺子从上往下推至打转。

❹ 放在用鲜奶油抹好的直角蛋糕上。

❺ 在蛋糕中间摆上各种新鲜水果，装饰巧克力配件即可。

制作指导

每次卷的奶油大小要一样，勺子加热后再推奶油就不容易粘。

榛果香蕉夹心蛋糕

材料

糖 60 克，布丁粉、奶粉各 20 克，蛋黄 40 克，打发淡奶油 100 克，牛奶 32 毫升，玉米淀粉、吉利丁、咖啡酒、榛果酱、香蕉碎肉、巧克力配件、草莓、香蕉各适量

制作指导

加有玉米淀粉的蛋黄糊要快速搅拌，否则容易导致糊底结块。

做法

❶ 50克打发淡奶油、20克蛋黄混合，煮至浓稠。

❷ 将布丁粉、奶粉、30克糖、水混合煮至沸腾。

❸ 将步骤2加入步骤1中拌匀，再过筛成布丁液。

❹ 倒入封好保鲜膜的模具内，放入冰箱冻至凝固。

❺ 牛奶、30克糖、玉米淀粉、20克蛋黄煮至浓稠。

❻ 加入泡软的吉利丁拌至融化，隔冰水降至35℃。

❼ 将步骤6分次加入50克打发的淡奶油中拌匀。

❽ 加榛果酱、香蕉碎肉拌匀，加入咖啡酒拌匀。

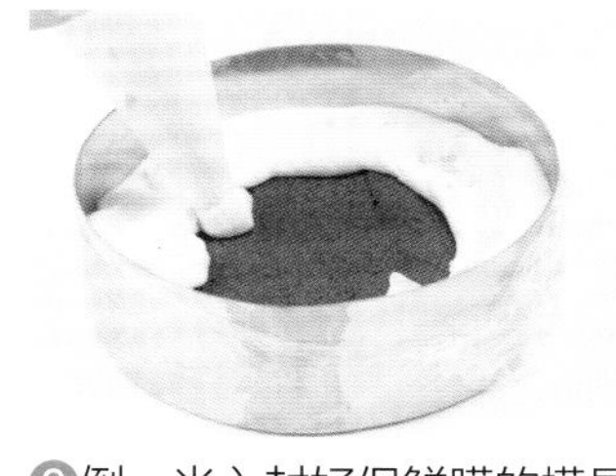

❾ 倒一半入封好保鲜膜的模具中，抹平，放布丁夹心。

❿ 倒入步骤8剩余的材料，抹平，放入冰箱冻至凝固。

⓫ 用火枪脱模。

⓬ 在蛋糕表面摆上各种巧克力配件、新鲜水果即可。

花的时代

材料

蛋糕体1个，鲜奶油、绿色喷粉、透明果胶、巧克力配件各适量，草莓2颗，黄桃1个，猕猴桃1个

做法

❶ 用鲜奶油抹好一个直角蛋糕，用抹刀顺着边缘往下压，左手匀速转动转盘，内圈的奶油高出后用抹刀刮平。

❷ 再用抹刀顺着内圈边缘往下压，刮出第二层。

❸ 刮平内圈奶油，顺着内圈边缘往下压，刮出第三层。

❹ 用抹刀把内圈奶油刮起，用刮片刮出中间的奶油。

❺ 用多功能小铲从外往内压，喷上绿色喷粉。

❻ 在蛋糕中间放上水果，扫上透明果胶，装饰巧克力配件即可。

制作指导

每次切边的大小要一样，用多功能小铲时不要先加热，每次压的时候要注意间距。

欧式草莓巧克力花蛋糕

材料

低筋面粉	125 克	柠檬皮	5 克
土豆粉	125 克	鲜奶	15 毫升
泡打粉	10 克	鲜奶油	适量
奶油	250 克	草莓	10 颗
糖	250 克	糖粉	10 克
香草粉	少许	黑巧克力	适量
鸡蛋	4 个	白巧克力	适量

做法

❶ 用低筋面粉、奶油、土豆粉、泡打粉、糖、香草粉、鸡蛋、柠檬皮、鲜奶做成蛋糕主体，放凉备用。

❷ 用鲜奶油抹好蛋糕，侧面围上半圆形巧克力片。

❸ 在蛋糕面上摆上草莓。

❹ 在草莓上放上白巧克力条。

❺ 把做好的巧克力花放在顶部，最后撒上防潮糖粉即可。

制作指导

摆黑色巧克力花后，撒上糖粉会衬托花的美感。

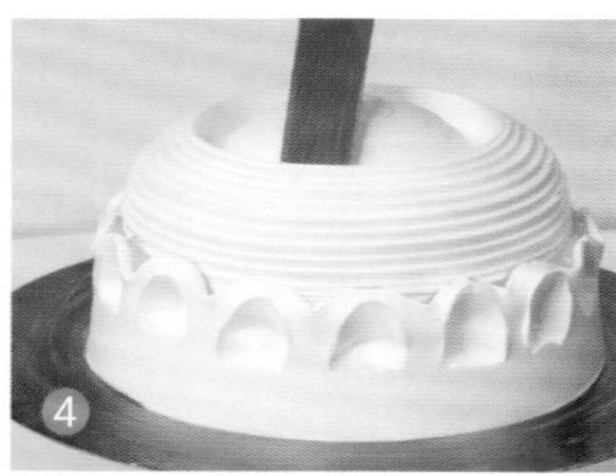

青春的波动

材料

低筋面粉 125 克，土豆粉 125 克，泡打粉 10 克，奶油 250 克，糖 250 克，香草粉少许，鸡蛋 4 个，柠檬皮 5 克，鲜奶 15 毫升，鲜奶油、柠檬果膏、透明果膏各适量，糖粉 10 克，草莓 2 颗，芒果半个，猕猴桃 2 片

做法

1. 用低筋面粉、土豆粉、奶油、泡打粉、糖、香草粉、鸡蛋、柠檬皮、鲜奶做成蛋糕主体，放凉后抹上鲜奶油。
2. 抹好一个圆坯，然后用刮板从中间切出一条边。
3. 然后用带齿的软刮在上面抹出半圆来，再挤上柠檬果膏。
4. 再用挖球器从下往上推，用抹刀在上面挖出空心。
5. 在中间放上水果后，扫上透明果膏。
6. 筛上糖粉即可。

制作指导

切边的时候，手一定要平稳。

虎虎生威

材料

低筋面粉	125 克	鲜奶	15 毫升
土豆粉	125 克	镜面果胶	适量
泡打粉	10 克	鲜奶油	适量
奶油	250 克	巧克力配件	适量
糖	250 克	草莓	200 克
香草粉	少许	芒果	3 个
鸡蛋	4 个	猕猴桃	半个
柠檬皮	5 克	巧克力泥	适量

做法

1. 用巧克力泥捏出老虎的身体、脚和尾巴。
2. 把做好的头、手、耳朵粘上，再用火枪烧光滑。
3. 用低筋面粉、土豆粉、泡打粉、奶油、糖、香草粉、鸡蛋、奶油、柠檬皮、鲜奶做成蛋糕体，然后用鲜奶油抹好直角蛋糕体，用平口嘴挤出花边。
4. 用缺口嘴挤出花边后，把老虎放在面上。
5. 摆水果和巧克力配件，扫镜面果胶即可。

制作指导

捏巧克力泥时，尽量用工具，因为人的手温太高，巧克力容易融化。

薄荷椰浆芝士蛋糕

材料

饼干底：		糖	50 克
消化饼干	100 克	塔塔粉	少许
牛油	50 克	薄荷酒	5 毫升
芝士馅：		**其他：**	
奶油芝士	250 克	透明果胶	适量
蛋黄	2 个	巧克力配件	适量
薄荷叶	10 克	糖粉	10 克
椰浆	60 毫升	话梅	3 颗
蛋白	60 克	薄荷叶	适量

做法

1. 将融化的牛油和饼干屑拌匀，倒入垫有油纸的模具中压平，放入冰箱冻至凝固。
2. 薄荷叶、椰浆混合加热，焖10分钟过筛。
3. 加入奶油芝士、蛋黄、薄荷酒拌匀。
4. 在蛋白中分次加入糖、塔塔粉，打至湿性发泡。
5. 将蛋白霜分次加入步骤3中拌匀。
6. 将步骤5倒入步骤1的模具中至八分满。
7. 放入烤炉，以200℃隔水烤60分钟，出炉冷却后脱模。
8. 在蛋糕表面扫上透明果胶，放上薄荷叶、巧克力配件、话梅，最后筛上糖粉即可。